智能数字技术
及其应用

Intelligent digital technology and its application

主　编　陈　进　鞠琳娜

副主编　佘道明　关卓怀

江苏大学出版社
JIANGSU UNIVERSITY PRESS

镇　江

图书在版编目(CIP)数据

智能数字技术及其应用 / 陈进,鞠琳娜主编. — 镇
江:江苏大学出版社,2022.11
ISBN 978-7-5684-1874-4

Ⅰ. ①智… Ⅱ. ①陈… ②鞠… Ⅲ. ①智能技术—数
字技术—研究 Ⅳ. ①TP18

中国版本图书馆 CIP 数据核字(2022)第 207773 号

智能数字技术及其应用
Zhineng Shuzi Jishu Ji Qi Yingyong

主　　编/陈　进　鞠琳娜
责任编辑/王　晶
出版发行/江苏大学出版社
地　　址/江苏省镇江市京口区学府路 301 号(邮编:212013)
电　　话/0511-84446464(传真)
网　　址/http://press.ujs.edu.cn
排　　版/镇江市江东印刷有限责任公司
印　　刷/广东虎彩云印刷有限公司
开　　本/718 mm×1 000 mm　1/16
印　　张/11.25
字　　数/207 千字
版　　次/2022 年 11 月第 1 版
印　　次/2022 年 11 月第 1 次印刷
书　　号/ISBN 978-7-5684-1874-4
定　　价/42.00 元

如有印装质量问题请与本社营销部联系(电话:0511-84440882)

前　言

　　未来社会的发展离不开各种新技术和新模式的应用。移动互联网是社会活动的"神经",为人们的生活提供无处不在的网络;物联网是社会的"血管",使得整个世界实现互联互通;云计算是整个社会的"心脏",所有数据、所有服务都由它来提供,为各领域的智能化应用提供统一的数据平台;大数据则好比社会的"大脑",是建设发展的智慧引擎,在这些新技术与新应用的支撑下,社会得以快速推进和发展。

　　高校非计算机专业的研究生或高年级本科生经过几年的基础课学习之后,已在各种课程中接触过传统的信息技术知识。在他们走上工作岗位前,需要较全面地了解新一代信息技术及其融合应用。我们以新一代数字技术为主线,按知识系统组织本书。本书分7章分别介绍了5G、物联网、云计算、大数据、人工智能和现代信息技术融合应用等技术。每一章以较短的篇幅介绍了相关的基本内容和知识,并从系统开发的角度,阐述了如何将这些新一代的数字技术与各专业进行融合。此外,用一些实例来说明如何在开发现代智能应用系统中合理地、恰当地使用这些新技术。通过对本书的学习,学生大多能在他们从事的专业领域中独立承担现代智能系统相关课题的设计、开发。

　　本书由陈进教授组织并编写了第1章及第5章;鞠琳娜编写了第3章及第6章;佘道明编写了第2章;关卓怀编写了第4章及第7章。全书由江苏大学计算机学院鞠时光教授审阅。该书拟作为非计算机专业的研究生或高年级本科生的教材,以及工程技术人员的参考书。

目　录

第 1 章　引言

人类社会、物理世界、信息空间构成了当今世界的三元。这三元世界之间的关联与交互，决定了社会信息化的特征和程度。感知人类社会和物理世界的基本方式是数字化，通过信息空间联结人类社会与物理世界的基本方式是网络化，信息空间作用于物理世界与人类社会的方式是智能化。数字化、网络化与智能化是新一轮科技革命的突出特征，也是新一代信息技术的基础与核心。

（1）数字化

数字化是指将信息载体（文字、图片、图像、声音、信号等）以数字编码形式（通常是二进制）进行储存、传输、加工、处理和应用的技术。数字化指的是信息表示方式与处理方式，但本质上强调的是信息应用的计算机化和自动化。

数字化为社会信息化奠定了基础，其发展趋势是社会的全面数据化。数据化强调对数据的收集、聚合、分析与应用。网络化为信息传播提供物理载体，其发展趋势是信息物理系统的广泛采用。信息物理系统不仅会催生出新的工业，甚至会重塑现有产业布局。数字化的核心内涵是深刻认识并深层利用信息技术革命与经济社会活动交融生成的大数据。大数据是社会经济、现实世界、管理决策等的片段记录，蕴含着碎片化信息。随着分析技术与计算技术的突破，解读这些碎片化信息成为可能，这使大数据成为一项新的高新技术、一类新的科研范式、一种新的决策方式。大数据深刻改变了人类的思维方式和生产生活方式，给管理创新、产业发展、科学发现等多个领域带来前所未有的机遇。

大数据的价值生成有其内在规律。只有深刻认识并掌握这些规律，才能提高自觉运用、科学运用大数据的意识与能力。大数据的价值主要通过大数据技术来实现。大数据技术是统计学方法、计算机技术、人工智能技术的延伸与发展，是正在发展中的技术。

（2）网络化

作为信息化的公共基础设施，互联网已经成为人们获取信息、交换信息、消费信息的主要途径。但是，互联网关注的只是人与人之间的互联互通以及由此产生的服务与服务的互联。

物联网是互联网的自然延伸和拓展，它通过信息技术将各种物体与网络相连，帮助人们获取所需物体的相关信息。物联网通过使用射频识别系统、传感器、红外感应器、视频监控、全球定位系统、激光扫描器等信息采集设备，以及无线传感网络、无线通信网络等把物体与互联网连接起来，实现物与物、人与物之间实时的信息交换和通信，以达到智能化识别、定位、跟踪、监控和管理的目的。互联网实现了人与人、服务与服务之间的互联，而物联网实现了人、物、服务之间的交叉互联。物联网的核心技术包括：传感器技术、无线传输技术、海量数据分析处理技术、上层业务解决方案、安全技术等。物联网的发展将经历相对漫长的时期，但可能会在特定领域的应用中率先取得突破，车联网、工业互联网、无人系统、智能家居等都是当前物联网大显身手的领域。

（3）智能化

智能化反映信息产品的质量属性。一个信息产品是智能的，通常是指这个产品能完成某些人类才能完成的事情，或者已经达到人类才能达到的水平。智能一般包括感知能力、记忆与思维能力、学习与自适应能力、行为决策能力等。所以，智能化通常也可定义为：使对象具备灵敏准确的感知功能、正确的思维与判断功能、自适应的学习功能、行之有效的执行功能等。

智能化是信息技术发展的永恒追求，实现这一目标的主要途径是发展人工智能技术。近些年开始的基于环境自适应、自博弈、自进化、自学习的研究，以及大数据智能、群体智能、跨媒体智能、人机混合增强智能和类脑智能等，正在形成人工智能发展新的阶段。可以预见，智能化发展趋势将以大数据为基础、以模型与算法创新为核心、以强大的计算能力为支撑。智能化技术的突破依赖其他各类信息技术的综合发展，也依赖脑科学与认知科学的实质性进步与发展。智能化体现信息应用的层次与水平，其发展趋势是新一代人工智能。

（4）智能数字化网络技术重塑企业价值链

企业通过将数字化、网络化和智能化技术运用于整个产品生命周期，从而形成智能供应链，并最终实现企业效率和效益的提升。

1）提升生产管理效率

生产管理问题是各行业企业尤其是制造类企业面临的首要问题，只有建立科学的管理系统，才能更有效率地统筹企业后续研发及生产组装过程。因此，作为企业价值链的必要环节，企业引入数字化、网络化和智能化生产管理系统对于其产品性能的提升有关键作用。

2）为生产研发提供综合服务

数字化、智能化研发平台的运用，对于企业研发数据的积累、产品研发质量的提升、产品开发效率的提高都有重要的意义，进而为生产研发过程提供综合化支撑。使用企业数字化、智能化平台，可在企业产品开发过程中对产品结构信息进行管理，有效地组织产品在不同时期的过程数据，追踪产品从研发到生产的全过程，并收集相关信息，从而为提升产品质量提供全面的资料。同时，将计算机辅助设计与制造（CAD/CAM）技术及应用系统集成，使整个企业产品生命周期中的相关数据得以高度融合、协调、共享，在此基础上建立专家库、知识库、经验库及人工智能系统，可实现企业产品研发设计的高度信息化管理。

3）为优化生产组装环节提供重要支撑

生产组装是企业价值链中的关键环节，尽管与其他环节相比利润空间小，却直接关系到生产产品的性能。因此，在这一环节引入数字化、智能化技术至关重要。企业在生产组装环节引入数字化、智能化技术，可以丰富其方案内容、优化服务，同时不同类型的企业会根据自身的特点和需求，进行不同的技术运用。其中，一个重要的应用就是数字化多媒体远程诊断和远程工程支持系统。通过将接收服务的工业设备传感器和执行器与调制解调器（Modem）相连，使该工业设备连入计算机广域网；或通过工业设备上的可编程逻辑控制器（PLC），连接 Modem 或工厂现场总线，再通过 PC 工作站将工业设备连入广域网，同时现场的视频音频信号可直接入网或通过 PC 工作站连入广域网，提供服务的一端也可以通过 Modem 或远程 PC 工作站将工业设备连入广域网。数据库可以为远程设备的故障诊断和参数设置提供支持。通过广域网和多媒体信号，可实现远程设备故障诊断和分析、远程在线设备调整和远程信息服务。

4）使销售及售后协同发展

产品的销售和售后服务环节是企业与消费者直接接触的阶段，在这一阶段引入数字化、智能化技术，可以获取产品营销、市场反馈及客户行为等数据以进行管理和分析，进而为产品性能的提升提供针对性指导。

企业引入数字化、网络化和智能化技术是指企业通过运用信息技术手段，对企业结构和工作流程进行全面优化和根本性的改革，并向以人为中心逐渐演化。企业引入数字化和智能化技术之后，企业与消费者的互动方式发生了改变，企业的商业模式进而发生改变，由传统的"企业对企业"（B2B）向"人人对人人"（E2E）转变。

（5）传统制造业的数字化转型

以大数据、云计算、人工智能为代表的新一代数字技术日新月异，催生了数字经济这一新的经济发展形态。随着数字技术的融合应用以及我国供给侧结构性改革的不断深化，加快数字技术与实体经济的融合发展已成为共识。

传统制造业的数字化转型就是通过智能数字技术（云计算、大数据、人工智能、5G、物联网等数字技术）的深入运用，对传统管理模式、业务模式、商业模式进行全方位、多角度、全链条的改造、创新和重塑，提升企业核心竞争力。通过深化数字技术在生产、运营、管理和营销等诸多环节的应用，可实现企业以及产业层面的数字化、网络化、智能化发展，不断释放数字技术对经济发展的放大、叠加、倍增作用。数字化转型是传统产业实现质量变革、效率变革、动力变革的重要途径，对推动我国经济高质量发展具有重要意义。

制造业的数字化转型并非仅从技术层面进行简单的 IT 系统升级，还包括运用新一代信息技术手段和思想对企业的业务结构、工作流程进行全面优化和根本性改革，进而改变制造业原有的生产方式、组织方式、商业模式、价值链分布和竞争格局。

1）以智能制造为重点推动企业数字化转型

强化企业数字化技术改造，应用物联网、云计算和自动化控制等技术，对机器设备和生产流程等进行优化更新，使企业从单机生产向网络化、连续化生产转变，显著提升企业的生产效率与产品品质；开展中小企业工业互联网基础性改造，推动低成本、模块化设备和系统的部署实施；培育一批工程技术服务企业，面向重点行业建设智能制造单元、智能生产线、智能车间、智能工厂，通过示范推广、技术对接，引导企业应用先进技术和智能化装备，推进存量装备智能化改造，提高企业智能化制造水平。

2）以互联网平台赋能推动行业数字化转型

以制造业龙头企业、互联网平台企业等为主导，重点加快自主可控的数字化赋能平台建设，推进工业互联网平台在重点行业的推广应用；推动工业互联网关键资源与工具的共享，加大投资力度，服务好中小企业，依托工业互联网平台资源降低中小企业数字化门槛；培育一批基于数字化平台的虚拟产业集群，充分挖掘全社会创新、创业、创造资源，构建以新型工业操作系统和工业 App 架构为核心的智能服务生态，逐步形成大中小企业各具优势、竞相创新、梯次发展的数字化产业格局。

3）积极部署新一代信息基础设施

以 5G、人工智能、工业互联网、物联网为代表的数字化设施正成为国家新型基础设施的重要组成部分。面对企业低时延、高可靠、广覆盖的工业网络需求，要加快推动新一代信息网络升级，加强工业互联网、云计算等新型信息基础设施布局，同时做好传统基础设施的智能化改造。

在人工智能、工业机器人、工业互联网、区块链等多种技术赋能下，人工智能与工业机器人的落地将解放大量重复、规则的人类劳动。当下，工业互联网日益成熟，机器之间、工厂之间得以智能化互联互通，区块链技术的加入更使得制造业"全自动运行"成为可能，"人工智能+机器人+区块链"模式值得期待。而伴随制造业与服务业的深度融合，标准化生产与个性化定制各展所长，智能制造将为人们构筑美好生活。相信在数字化、网络化、智能化的相互递进与配合下，企业转型智能工厂、跨企业价值链延伸、全行业生态构建与优化配置将有望得以实现，制造业的深度智能化即将到来。

当前，信息化、网络化、数字化、智能化交织演进，网联、物联、数联、智联迭代发展，全球正在加速进入以"万物互联、泛在智能"为特点的数字新时代，人类正在迈入一个以数字化生产力为主要特征的历史阶段，网络强国、数字经济、智慧社会发展等国家战略的提出，为产业数字化发展营造了良好的发展环境。数字化的信息采集、信息传递和数据分析技术必须依托互联网技术的推进，而数字化发展到一定阶段，与人类的智慧深入结合，便进入以人工智能为代表的智能化时代。因而，企业必须积极顺应数字化、智能化趋势，循序渐进地把数字化、智能化技术引入产品生产的整个生命周期，乃至整个产业网络结构中，形成数字化供应链和智能化供应链，以促进企业效率和效益的提升。本书将在后续各章中，着重讨论5G 应用技术、物联网技术、云计算技术、大数据技术、人工智能基础技术，以及这些技术在实际生产生活中的应用。

1-1　制作个人主页需要哪些步骤？

第 2 章　智能数字通信技术

数字通信是一种以数字信号为载体传输信息的通信方式。数字通信可以传输电报、数据等数字信号，也可传输经过数字化处理的语音和图像等模拟信号。

数字通信传输介质可分为两种形式——有线传输介质和无线传输介质。信息数据既可在空中传播，也可在有线介质上传播，在有线介质上的传播速度较快。在实验室中，单条光纤的最大传播速度已达 26 Tbps 以上，而信息数据的空中传播速度是移动通信的瓶颈。本章主要介绍由两种传输介质形成的不同通信技术。

2.1　网络通信

计算机网络技术是通信技术与计算机技术相结合的产物。计算机网络是按照网络协议，将地球上分散的、独立的计算机相互连接的集合。连接介质可以是电缆、双绞线、光纤、微波或通信卫星。计算机网络不仅具有共享硬件、软件和数据资源的功能，还具有对共享数据资源进行集中处理、管理和维护的能力。计算机网络技术实现了资源共享，人们可以在办公室、家里或其他任何地方，访问查询网上的任何非涉密资源，极大地提高了工作效率，促进了办公自动化、工厂自动化、家庭自动化的发展。

2.1.1　互联网的分类

互联网即单机按照一定的通信协议组成的国际计算机网络。它是指将两台或两台以上的计算机终端、客户端、服务端通过计算机信息技术手段互相联系起来。网络可按拓扑结构、涉辖范围和互联距离、系统的拥有者、服务对象等不同标准进行种类划分。依据网络规模和所覆盖地域的大小，互联网可以划分为局域网、广域网与城域网。

（1）局域网

局域网通常是把一个单位的计算机连接在一起而组成的网络。局域网的覆盖范围一般在 10 km 以内，属于一个部门或一个群体（如一所学校或一个系统）组建的小范围网。

（2）广域网与城域网

广域网又称远程网，它是把分布在若干个城市、地区甚至国家中的计算机连接在一起而组成的网络。

城域网是介于局域网与广域网之间的一种大范围的高速网络，其覆盖范围一般是一个城市。其优势是将一个城市的各个局域网连接起来，在更大范围内进行信息传输与共享。

互联网技术的普遍应用是人类进入信息社会的标志。互联网现在已经渗透到人们的日常生活、工作、学习和娱乐的方方面面。它是由遍布世界各地的大大小小的计算机网络组成的一个松散耦合的全球网。互联网是一个多层次的网络空间，它利用 TCP/IP 协议传送数据，使网络上各个计算终端可以交换各种信息，形成一个传递信息并协同工作的全球性系统。

2.1.2　互联网技术的组成

互联网技术是在计算机技术的基础上开发建立的一种信息技术。它可理解为由三层内容组成：

第一层是硬件，主要是指用于数据存储、处理和传输的主机和网络通信设备硬件。

这些主机和网络通信设备硬件形成网络的节点和链络。网络中的节点有两类：转接节点和访问节点。通信处理机、集中器和终端控制器等属于转接节点，它们在网络中转接和交换信息。主计算机和终端等是访问节点，它们是信息传送的源节点和目标节点。

第二层是系统管理软件，主要是指可用来搜集、存储、检索、分析、应用、评估信息的各种通用软件。它既包括 ERP（企业资源计划）、CRM（客户关系管理）、SCM（供应链管理）等商用管理软件，也包括用来加强流程管理的 WF（工作流）管理软件、辅助分析的 DW/DM（数据仓库和数据挖掘）软件等。

第三层是应用软件。主要是指用户根据自己特定的应用场景，开发的面向特定应用的软件。可用来对应用场景中各种信息进行搜集、存储、检索、分析、评估。

也有人把互联网技术的前两层合二为一，统指信息的存储、处理和传输，后者则为信息的应用。

2.1.3　互联网、因特网、万维网之间的关系

因特网是互联网的一种，它是由成千上万台设备组成的互联网。国际标准的因特网写法是 Internet，字母 I 一定要大写。因特网使用 TCP/IP 协议让不同的设备可以彼此通信。但使用 TCP/IP 协议的网络并不一定是因特网，一个局域网也可以使用 TCP/IP 协议。判断一台计算机接入的是不是因特网，首先看计算机是否安装了 TCP/IP 协议，其次看它是否拥有一个公网地址（所谓公网地址，就是所有私网地址以外的地址）。因特网是基于 TCP/IP 协议实现的，TCP/IP 协议由很多协议组成，不同类型的协议被放在不同的层，其中，位于应用层的协议有 FTP、SMTP、HTTP 等。

应用层如果使用的是 HTTP 协议，就称为万维网（World Wide Web，WWW）。万维网是一种基于超文本相互链接而成的全球性系统，是互联网所能提供的服务之一。之所以在浏览器里输入百度的网址后能看见百度网提供的网页，是因为个人浏览器和百度网的服务器之间使用 HTTP 协议进行交流。所以，互联网并不等同于万维网。

互联网包含因特网，因特网包含万维网。凡是能彼此通信的设备组成的网络就叫互联网。所以，即使仅有两台机器，不论用何种技术使其彼此通信，也称为互联网。

2.1.4　互联网的技术特征

互联网是全球性的。互联网是按照"包交换"的方式连接的分布式网络。因此，在技术的层面上，互联网绝对不存在中央控制的问题。也就是说，不可能存在某一个国家或者某一个利益集团通过某种技术手段来控制互联网的问题。相反，也无法把互联网封闭在一个国家之内。与此同时，这样一个全球性的网络，需要采取某种方式来确定联入其中的每一台主机，在互联网上绝对不能出现类似两个人同名的现象。这样，就要有一个固定的机构来为每一台主机确定名字，由此确定这台主机在互联网上的"地址"。当然，这个固定的机构仅仅拥有"命名权"，即拥有这种确定地址的权力并不意味着可以实现控制。负责命名的机构除为每一台主机命名之外，

并不具备其他的功能。

　　同样，这个全球性的网络也需要有一个机构来制定所有主机都必须遵守的交往规则（协议），否则就不可能建立起全球不同的计算机、不同的操作系统都能够通用的互联网。下一代 TCP/IP 协议将对网络上的信息等级进行分类，以加快传输速度（比如，优先传送浏览信息，而不是电子邮件信息），就是这种机构提供的服务的例证。

　　互联网在现实生活中应用很广泛，人们可以利用互联网聊天、玩游戏、查阅资料、宣传和购物等等，它给人们的现实生活带来很大的方便。

2.2　无线网通信

　　电波和光波都属于电磁波。电磁波的频率资源有限，频率特性不同，其用途不同。目前人们主要使用电波进行通信。当然，光波通信也在崛起，如可见光通信电波。为了避免干扰和冲突，我们在电波这条"公路"上进一步划分"车道"，这个"车道"就是电波的频率。然后，将不同的"车道"分配给不同的对象或不同的用途。一直以来，人们主要使用中频至超高频进行手机通信，大家常说的"GSM900"和"CDMA800"，是指工作频段为 900 MHz 和 800 MHz。目前普遍使用的 4G LTE 属于超高频和特高频，中国主要使用超高频。随着移动通信技术的发展，使用频率越来越高。频率越高，传播速度越快，"车道"（频段）越宽。

　　第一代移动通信技术（1G）出现在 1980 年左右，它实现了语音业务。1G 采用模拟移动通信制式，可以提供语音信号。第二代移动通信技术（2G）出现在 20 世纪 90 年代，它实现了短信业务。2G 采用数字通信系统，频谱效率高，容量大，语音质量好。2G 的典型代表有 GSM 全球移动通信系统，其采用 TDMA 时分多址技术。第三代移动通信技术（3G）出现在 21 世纪初，它实现了一些社交软件通信业务，加入了分组技术。3G 可以满足 144 kbps 的高移动速率、384 bps 的低移动速率和 2 Mbps 的固定速率的通信要求。典型的 3G 系统有 WCDMA、CDMA2000、TD-SCDMA 三种。第四代移动通信技术（4G）出现在 2010 年左右，它实现了在线互动、游戏等业务，最初定义 4G 为 LTE，是英文"Long Term Evolution"的缩写。3GPP（3rd Generation Partership Project）标准化组织将其定位为 3G 技术的演进升级，但是 LTE 技术的发展远远超出了预期，渐渐地人们将其定义为 4G。最近几年出现的第五代移动通信技术（5G），是具有高速率、低时延和大连接特点的新一代宽带移动通信技术，它实现了虚拟现实与物联网等业务。5G 具有以下特点：

● 下行速度高达 10 GB/s，分秒之间即可完成高清电影的下载。

● 时延低。5G 技术将网络操作与实际操作紧密结合，它将在视频通话、娱乐、医疗、交通等领域占据举足轻重的地位。

● 网络容量大。5G 使用网络技术将城市设施、家居生活、物流状态等融于一体，实现人与物、物与物等之间的连接。

从 2G 到 3G、4G，每一次代际跃迁，都实现了通信速率的巨变：

2G：150 kbps，折合下载速度 15~20 kB/s。

3G：1~6 Mbps，折合下载速度 120~600 kB/s。

4G：10~100 Mbps，折合下载速度 1.5~10 MB/s。

5G：20 Gbps，折合下载速度 2.5 GB/s。

从上面的数据可以看出，从 2G 过渡到 3G，通信速率大约增长了 30 倍；从 3G 过渡到 4G，通信速率大约增长了 17 倍；从 4G 过渡到 5G，通信速率大约增长了 256 倍。

我国移动通信技术起步虽晚，但在 5G 标准研发上正逐渐成为全球的领跑者。我国在 1G、2G 发展过程中以应用为主，处于引进、跟随、模仿阶段。从 3G 开始，我国初步融入国际发展潮流，我国大唐集团和德国西门子公司共同研发的 TD-SCDMA 成为全球三大标准之一。在 4G 研发方面，我国有自主研发的 TD-LTE 系统，并成为全球 4G 的主流标准。在 5G 标准研发方面，我国政府、企业、科研机构等各方高度重视前沿布局，也在全球 5G 标准制定上掌握话语权。中国 5G 标准化研究提案已在 2016 世界电信标准化全会（WTSA16）第 6 次全会上获得批准，这说明我国 5G 技术研发已走在全球前列。

2.3　5G 应用技术

5G 指的是第五代移动通信技术，是最新一代蜂窝移动通信技术。5G 的性能目标是高数据传输速率，减少延迟，节省能源，降低成本，提高系统容量，实现大规模设备连接。

2.3.1　蜂窝网络

蜂窝网络主要由以下三部分组成：移动站、基站子系统和网络子系统。移动站就是网络终端设备，比如手机或者一些蜂窝工控设备。基站子系统包括移动基站（大铁塔）、无线收发设备、专用网络（一般是光纤）、无线的数字设备等。基站子系统可以看作无线网络与有线网络之间的转换器。网络子系统主要包含 GSM 系统的交换功能、用户数据与移动性管理、安全性管理所需的数据库功能，它对 GSM 移动用户之间通信和 GSM 移动用户与其他通信网用户之间的通信起着管理作用。

常见的蜂窝网络类型有 GSM 网络、CDMA 网络、3G 网络、FDMA（Frequency Division Multiple Access）、TDMA（Time Division Multiple Access）、PDC（Personal Digital Cellular）、TACS（Total Access Communications System）、AMPS（Advanced Multi-Physics Simulation）等。

一种分布式蜂窝通信系统，其组成可以是以下三种形式之一：

① 一个网络加上一个耦合到该网络的公共交换电话网（PSTN）。

② 一个网络加上多个耦合到该网络的收发信机，多个收发信机在地理上相互分离，并且每一个都被配置成在一个无线介质上与相关小区中的移动站进行通信。

③ 一个网络，另外至少有一个耦合到该网络的数据处理系统，至少一个数据处理系统被配置成执行计算机程序，该计算机程序包括能使多个收发信机在移动台之间以及一个移动台与 PSTN 之间传递数据的软件功能块。这些软件功能块包括一个实施移动性管理（MM）的功能块；一个实施访问者位置登记的功能块；一个实施通信管理的功能块；多个实施无线电资源（包括频率、时隙、扩频码等）管理的功能块，该功能块在移动台从一个小区移动到另一个小区时切换多个收发信机之间的通信，从而保持移动台与网络之间的通信。

所谓蜂窝移动电话是指将服务区划分为若干个彼此相邻的小区，每个小区设立一个基站的网络结构。由于每个小区呈正六边形，又彼此相邻，从整体上看，形状酷似蜂窝，所以人们称它为"蜂窝"网。用若干蜂窝覆盖整个服务区的大、中容量移动电话系统就叫作蜂窝移动电话系统，简称蜂窝移动电话。

蜂窝移动电话最大的好处是频率可以重复使用。人们在使用移动电话进行通信时，每个人都要占用一个频道。同时通话的人多了，有限的频道就可能不够用，于是便会出现通信阻塞的现象。采用蜂窝结构就可以在若干个相隔一定距离的小区重复使用同一组频率，从而达到节省频率资源的目的。譬如，将一个城市分成 72 个小区，每 12 个小区组成一个小区群，72 个小区共同使用 300 个频道。那么，我们就可以将 300 个频道分成 12 个频道组，每个组 25 个频道，第一个小区群的 1 号小区使用第 1 组频道，第一个小区群的 2 号小区使用第 2 组频道，以此类推。经过适当安排，不同小区群的相同编号小区的频道组是可以重复使用的。尽管这些小区基站所使用的无线电频率相同，但由于他们彼此相隔较远，而电波作用范围有限，彼此不会造成干扰。这样，一组频率就可重复使用 6 次，原本 300 个频道只能供 300 个用户同时通话，现分组后可供 1800 个用户同时通话。

2.3.2　5G 网络架构

设计 5G 网络架构必须遵循以下原则：第一，从刚性到柔性，从固定网络（网元、固定连接、固定部署）到动态网络（动态部署、灵活连接），网络资源虚拟化，网络功能的解耦和服务化。第二，移动网络 IP 化、互联网化，实现与 IT 网络互通融合，引入互联网技术，优化网络设计。第三，集中化智能和分布化处理，集中化智能是指功能集中优化，为垂直行业提供个性化增值服务，分布化处理是指移动网络功能靠近用户，提高网络吞吐量，降低时延。

（1）5G 系统设计

5G 网络逻辑视图由 3 个功能平面构成，即接入平面、控制平面和转发平面，如图 2-1 所示。

● 接入平面，引入多站点协作、多连接机制和多制式融合技术，构建更灵活的接入网拓扑结构。

● 控制平面，基于可重构的、集中的网络控制功能，提供按需的接入、移动性和会话管理，支持精细化资源管控和全面能力开放。

● 转发平面，具备分布式的数据转发和处理功能，提供更动态的锚点设置，以及更丰富的业务链处理能力。

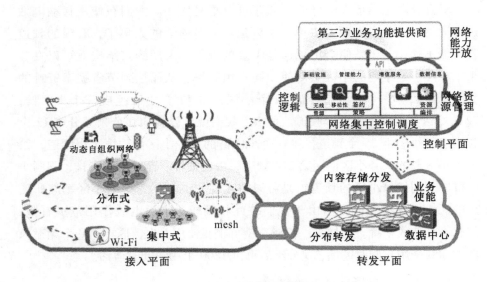

图 2-1　5G 网络逻辑视图

　　在整体逻辑架构基础上，5G 网络采用模块化功能设计模式，并通过"功能组件"的组合，构建满足不同应用场景需求的专用逻辑网络。5G 网络以控制功能为核心，以网络接入和转发功能为基础资源，向上提供管理编排和网络开放的服务，形成了包括管理编排层、网络控制层、网络资源层的三层网络功能视图，如图 2-2 所示。

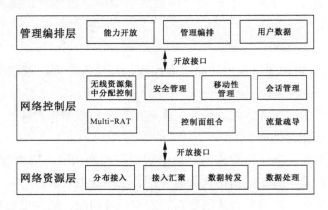

图 2-2　5G 网络功能视图

（2）5G 组网设计

一般来说，5G 组网功能元素可分为四个层次，组网视图如图 2-3 所示。

●中心级：以控制、管理和调度职能为核心，例如虚拟化功能编排、广域数据中心互连和 BOSS 系统等，可按需部署于全国节点，实现网络总体的监控和维护。

●汇聚级：主要包括控制面网络功能，例如移动性管理、会话管理、用户数据和策略等，可按需部署于省一级网络。

●边缘级：如城域网，主要包括数据面网关功能，重点承载业务数据流，可部署于地市一级。移动边缘计算功能、业务链功能和部分控制面网络功能也可以下沉到这一级。

●接入级：包含无线接入网的 CU（Centralized Unit）和 DU（Distributed Unit）功能，CU 可部署在回传网络的接入层或者汇聚层；DU 部署在用户近端。CU 和 DU 间通过增强的低时延传输网络实现多点协作功能，支持分离或一体化站点的灵活组网。

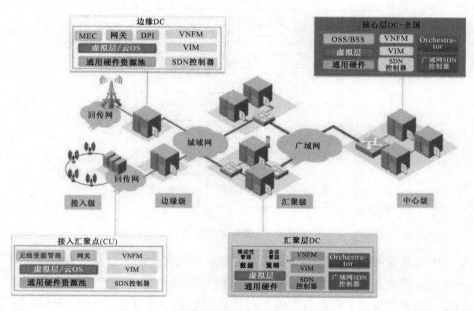

图 2-3　5G 网络组网视图

借助于模块化的功能设计，在 5G 组网实现中，上述组网功能元素部署位置无需与实际地理位置严格绑定，而是可以根据每个运营商的网络规划、业务需求、流量优化、用户体验和传输成本等因素综合考虑，对不同层级的功能加以灵活整合，实现多数据中心和跨地理区域的功能部署。

2.3.3　5G 网络服务能力

与 4G 时期相比，5G 网络服务具备更贴近用户需求、定制化能力进一步提升、网络与业务深度融合以及服务更友好等特征，其中代表性的网络服务能力为网络切片和移动边缘计算。

（1）网络切片

网络切片是网络功能虚拟化（Network Functions Virtualization，NFV）应用于 5G 阶段的关键特征。一个网络切片将构成一个端到端的逻辑网络，按切片需求方的需要灵活地提供一种或多种网络服务。如图 2-4 所示，网络切片架构主要包括切片管理和切片选择两项功能。

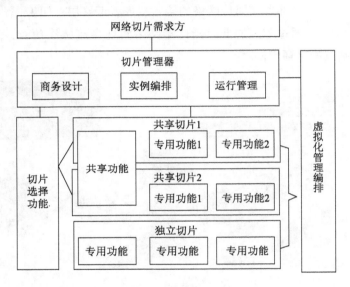

图 2-4　网络切片架构

● 切片管理功能：有机串联商务运营、虚拟化资源平台和网管系统，为不同切片需求方（如垂直行业用户、虚拟运营商和企业用户等）提供安全隔离、高度自控的专用逻辑网络。切片管理包括三个阶段：商务设计阶段、实例编排阶段、运行管理阶段。

● 切片选择功能：实现用户终端与网络切片间的接入映射。切片选择功能综合业务签约和功能特性等多种因素，为用户终端提供合适的切片接入选择。用户终端可以分别接入不同切片，也可以同时接入多个切片。用户同时接入多切片的场景形成两种切片架构变体：独立架构体和共享架构体。

（2）移动边缘计算

移动边缘计算（Mobile Edge Computing，MEC）改变 4G 系统中网络与业务分离的状态，将业务平台下沉到网络边缘，为移动用户就近提供业务计算和数据缓存能力，实现网络从接入管道向信息化服务使能平台的关键跨越，是 5G 的代表性能力。MEC 核心功能主要包括：服务和内容进入计算链路的管理功能、动态业务链控制功能、网络辅助功能。5G 网络 MEC 架构如图 2-5 所示。

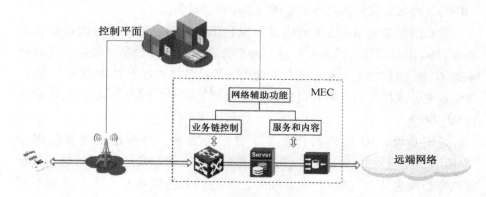

图 2-5　5G 网络 MEC 架构

移动边缘计算功能部署方式非常灵活，即可以选择集中部署，与用户面设备耦合，提供增强型网关功能，也可以分布式部署在不同位置，通过集中调度实现服务功能。

2.3.4　5G 的技术特点

5G 通过电磁波的方式通信，而电磁波有一个特点，即频率越高，波长越短，速率越快，传输能力越差。传输速率和传输能力是相互制约的关系。

无线电接入网络主要由基站（移动电话塔）组成，并连接到核心网络。基站使用无线电波来中继移动设备和核心网络之间的通信。基站有两种，微基站和宏基站。微基站相对宏基站体积要小。核心网络的主要作用是与其他设备和其他网络建立通信，并通过用户管理进行计费。每一代蜂窝网络都对网络的作用及其运作方式进行了根本性的变革。前几代通信实现了从模拟转向数字，引入了数据服务，并转向简化架构，提高了最终用户可用数据的传输速度及带宽效率。如果 5G 用高频段，那么它最大的问题就是覆盖能力会大幅减弱。覆盖同一个区域，5G 需要的基站数量将远远超过

4G。所以，在使用高频段的前提下，为了减轻覆盖范围方面的成本压力，5G通常使用微基站技术。

在目前的通信网络中，即使两个人面对面拨打对方的手机，信号都是通过基站进行中转的，包括控制信令和数据包。而5G的一大特点就是终端直通（Device to Device，D2D），即实现了设备到设备。5G时代，同一基站下的两个用户如果互相进行通信，他们的通信数据将不再通过基站转发，而是由两台手机直接通信。这样就节约了大量的空中资源，也减轻了基站的压力。当然，控制消息还是要通过基站传送的。

更高的频谱效率、更多的频谱资源利用，能满足用户业务流量增长的需求。5G网络的连接数密度可达到每平方公里100万台移动设备，能量效率是4G的10倍左右。能够支持如此大量的设备接入对于"物联网"而言非常重要，这样家庭设备和机器都能连接到互联网。同时，5G网络可靠性达99.999%。

总的来说，5G网络的特点集中在三个方面，分别是增强移动带宽（eMBB）、海量物联（mMTC）和高可靠低延时（uRLLC）。具体地说，其峰值速率能够达到20 Gbps，端到端时延可达到毫秒级水平，业务时延不到5 ms，可实现高速（450 km/h）环境下通信。

2.3.5 5G网络的实现

当5G网络实施时，社会上会同时存在4G和5G网络。这时有两种组网形式。一种是独立组网（SA组网）形式，如图2-6所示。这种形式保持4G网络不变，在相关区域内重新安装5G网络。这样在同一区域4G、5G网络信号同时覆盖，两种手机各自使用相应的网络。另一种组网形式称为非独立组网（NSA组网），如图2-7所示，即在4G网络下，增加5G基站。

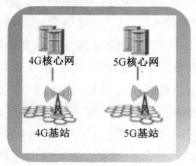

图2-6　SA组网形式

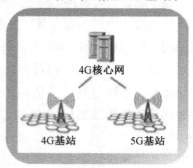

图2-7　NSA组网形式

2.4　5G 的应用场景

国际电信联盟定义了 5G 的三大应用场景：增强型移动宽带、超可靠低时延和海量机器类通信。在各种应用场景下，5G 所需要的关键性能指标有：用户体验速率、流量密度、连接数密度、峰值效率、移动性、时延、能效、频谱效率等。

5G 应用总体上可以分为两大类，分别是通用型应用和行业应用。通用型应用主要包括基于 5G 的超高清视频、基于 5G 的虚拟现实与增强现实（VR/AR）、5G 网联无人机以及基于 5G 的无线机器人等大类；行业应用主要包括 5G 在新媒体、工业互联网、车联网、远程医疗、智慧城市、轨道交通等行业领域中的应用。

"5G+垂直行业"应用被认为是未来 5G 主要的发展方向。其实从 5G 问世以来，全球通信服务提供商都在积极探索 5G 融合应用创新，并广泛开展了 5G 行业应用测试及应用实践。从全球 5G 应用的统计检测来看，超高清视频、VR/AR、无人机、机器人四类中，5G 应用的占比接近一半，因此各行业与超高清视频和 VR/AR 结合的 5G 应用成为探索的热点。其中，3GPP标准化组织在 eMBB 场景中的标准化工作最为成熟，同时凭借运营商在公网移动通信领域积累的商业运营经验，面向消费者市场的"5G+超高清视频"和"5G+ VR/AR"预计将成为 5G 行业应用中先行落地并具备商业推广价值的领域，其中"5G+直播""5G+云游戏"以及"5G+360 全屏"的示范应用效应凸显，受到通信行业企业的广泛关注。

在行业应用方面，5G 与工业互联网的融合应用在中国受到的关注度显著提升。2019 年 11 月，工业和信息化部提出落实"5G+工业互联网"512 工程，持续推进"5G+工业互联网"的发展，工厂内的数字化转型与智能化改造已成为"5G+工业互联网"的核心使命。其中，5G 与人工智能的结合尤为重要。机器视觉作为人工智能的一个重要分支，在工业上的应用极为广泛，可以有效提高生产的柔性和自动化程度，因此"5G+工业视觉"也已成为 5G 与工业互联网融合过程中的重点业务之一。下面着重分析 5G 在几大领域的具体应用。

2.4.1　车联网与自动驾驶

5G 车联网助力汽车、交通应用服务的智能化升级。5G 网络的大带宽、低时延等特性，支持实现车载 VR 视频通话、实景导航等实时业务。借助于车联网 C-V2X（包含直连通信和 5G 网络通信）的低时延、高可靠和广播传输特性，车辆可实时对外广播自身定位、运行状态等基本安全消息，交通灯或电子标志等可广播交通管理与指示信息，支持实现路口碰撞预警、红绿灯诱导通行等应用，显著提升车辆行驶安全和出行效率。后续还将支持实现更高等级、复杂场景的自动驾驶服务，如远程遥控驾驶、车辆编队行驶等。5G 网络可支持港口岸桥区的自动远程控制、装卸区的自动码货以及港区的车辆无人驾驶应用，显著缩短自动导引运输车控制信号的时延，以保障无线通信质量与作业可靠性，使智能理货数据传输系统实现全天候全流程的实时在线监控。

在一些特定场景下，自动驾驶将会率先实现落地应用，比如在农业领域。农业领域的设备自动驾驶具有较强的现实意义，一方面农业机械的驾驶往往具有清晰的路线规划，另一方面驾驶的强度也比较大，自动驾驶会在很大程度上降低农业劳动者的工作强度。

2.4.2　医疗领域

5G 在医疗领域的应用也具有较强的现实意义。5G 通过赋能现有智慧医疗服务体系，显著提升了远程医疗、应急救护等的服务能力和管理效率，并催生出"5G+远程超声检查""5G+重症监护"等新型应用场景。

"5G+超高清远程会诊""5G+远程影像诊断""5G+移动医护"等应用，是指在现有智慧医疗服务体系上叠加 5G 网络能力，极大地提升远程会诊、远程影像诊断、移动医护等系统的数据传输速度和服务保障能力。在抗击新冠肺炎疫情期间，解放军总医院联合相关单位快速搭建 5G 远程医疗系统，提供远程超高清视频多学科会诊、远程阅片、床旁远程会诊、远程查房等应用，支援湖北新冠肺炎危重症患者救治，有效缓解了抗疫一线医疗资源紧缺问题。

"5G+应急救护"等应用，在急救人员、救护车、应急指挥中心、医院之间快速构建 5G 应急救援网络，在救护车接到患者的第一时间，将患者体征数据、检验报告、影像检查结果等以毫秒级速度、无损、实时传输到医院，帮助现场医生做出正确判断并提前制订抢救方案，实现患者"上车即入院"的愿景。

"5G+远程手术""5G+重症监护"等治疗类应用，由于其容错率极低，并涉及医疗质量、患者安全、社会伦理等复杂问题，其技术应用的安全性、可靠性有待于进一步研究和验证，预计短期内难以在医疗领域实际应用。

2.4.3　教育领域

5G 在教育领域的应用发展趋势明显，5G 能够让人工智能产品逐渐落地到教育领域，能够让学生享受到更优质的教育资源。

5G 在教育领域的应用主要围绕智慧课堂及智慧校园两方面开展。"5G+智慧课堂"凭借 5G 低时延、高速率特性，结合 VR/AR/全息影像等技术，可实现实时传输影像信息，为异地的教学参与者提供全息、互动的教学服务，丰富教学体验；5G 智能终端可通过 5G 网络收集教学过程中的全场景数据，结合大数据及人工智能技术构建学生的学情画像，为教学等提供全面、客观的数据分析，提升教育教学精准度。"5G+智慧校园"，基于超高清视频的安防监控可为校园提供远程巡考、校园人员管理、学生作息管理、门禁管理等服务，解决校园陌生人进校、危险探测不及时等安全问题，提高校园管理的效率和水平；基于 AI 图像分析、GIS（地理信息系统）等技术，可为学生出行、活动、饮食安全等环节提供全面的安全保障服务，让家长及时了解学生在校位置及表现，打造安全的学习环境。

2.4.4　工业领域

以 5G 为代表的新一代信息通信技术与工业经济深度融合，为工业乃至产业数字化、网络化、智能化发展提供了新的实现途径。5G 在工业领域的应用涵盖研发设计、生产制造、运营管理及产品服务四大工业环节，主要包括如下典型的应用场景，分别为：协同研发设计、远程设备操控、设备协同作业、柔性生产制造、现场辅助装配、机器视觉质检、设备故障诊断、厂区智能物流、无人智能巡检、生产现场监测、生产单元模拟、精准动态作业、生产能效管控、工艺合规校验、生产过程溯源、设备预测维护、厂区智能理货、全域物流监测、虚拟现场服务、企业协同合作。当前，机器视觉质检、厂区智能物流等场景已取得了规模化复制的效果，实现了"机器换人"，大幅降低了人工成本，有效提高了产品检测准确率，达到了提高生产效率的目的。未来，远程设备操控、设备预测维护等场景将会产生较高的商业价值。

以钢铁行业为例，5G 技术赋能钢铁制造，实现钢铁行业智能化生产、智慧化运营及绿色发展。在智能化生产方面，5G 网络低时延特性可实现远程实时控制机械设备，在提高运维效率的同时，促进厂区的无人化转型；借助"5G+AR眼镜"，专家可在后台对传回的 AR 图像进行文字、图片等多种形式的标注，实现对现场运维人员的实时指导，提高运维效率；"5G+大数据"可对钢铁生产过程中的数据进行采集，实现钢铁制造主要工艺参数在线监控、在线自动质量判定，实时掌控生产工艺质量。在智慧化运营方面，"5G+超高清视频"可实现钢铁生产流程及人员生产行为的智能监管，帮助企业及时判断生产环境及人员操作是否存在异常，提高生产安全性。在绿色发展方面，利用 5G 大连接特性采集钢铁各生产环节的能源消耗和污染物排放数据，可协助钢铁企业找出问题严重的环节并进行工艺优化和设备升级，降低能耗成本和环保成本，实现清洁低碳的绿色化生产。

5G 在工业领域丰富的融合应用场景将为工业体系变革带来极大潜力。自工业和信息化部"5G+工业互联网"512 工程实施以来，5G 的行业应用水平不断提升，从生产外围环节逐步延伸至研发设计、生产制造、质量检测、故障运维、物流运输、安全管理等核心环节，在电子设备制造、装备制造、钢铁、采矿、电力等 5 个行业率先发展，助力企业降本提质和安全生产。

2.4.5 能源领域

在电力领域，能源电力生产包括发电、输电、变电、配电、用电五个环节，目前 5G 在电力领域的应用主要面向输电、变电、配电、用电四个环节开展，应用场景主要涵盖采集监控类业务及实时控制类业务，包括：输电线无人机巡检、变电站机器人巡检、电能质量监测、配电自动化、配网差动保护、分布式能源控制、高级计量、精准负荷控制、电力充电桩等。当前，基于 5G 大带宽特性的移动巡检业务较为成熟，可实现应用复制推广。通过无人机巡检、机器人巡检等新型运维业务的应用，可促进监控、作业、安防向智能化、可视化、高清化升级，大幅提升输电线路与变电站的巡检效率。配网差动保护、配电自动化等控制类业务现处于探索验证阶段，未来随着网络安全架构、终端模组等问题的逐渐解决，控制类业务将会进入高速发展期，配电环节故障定位精准度和处理效率将得到提升。

在煤矿领域，5G 应用涉及井下生产与安全保障两大部分，应用场景主要包括：作业场所视频监控、环境信息采集、设备数据传输、移动巡检、作业设备远程控制等。当前，煤矿企业利用 5G 技术实现了地面操作中心对井下综采工作面的采煤机、液压支架、掘进机等设备的远程控制，大幅减少了原有线缆维护量及井下作业人员；在井下机电硐室等场景部署 5G 智能巡检机器人，可极大地提高检修效率；在井下关键场所部署 5G 超高清摄像头，可实现环境与人员的精准实时管控。利用 5G 技术的智能化改造能够有效减少煤矿井下作业人员，降低井下事故发生率，遏制重特大事故，实现煤矿的安全生产。当前取得的应用实践经验已开始逐步规模推广。

2.4.6　文旅领域

5G 在文旅领域的创新应用将助力文化和旅游行业步入数字化转型的快车道。5G 智慧文旅应用场景主要包括景区管理、游客服务、文博展览、线上演播等。5G 智慧景区可实现景区实时监控、安防巡检和应急救援，同时可支持 VR 直播观景、沉浸式导览及 AI 智慧游记等创新体验，大幅提升了景区管理和服务水平，解决了景区同质化发展等痛点问题。5G 智慧文博可支持文物全息展示、5G+VR 文物修复、沉浸式教学等应用，赋能文物数字化发展，深刻阐释文物的多元价值。5G 云演播融合 4K/8K、VR/AR 等技术，实现传统曲目线上线下高清直播，支持多屏多角度沉浸式观赏体验，5G 云演播打破了传统艺术展示方式，让传统演艺产业焕发了新生。

2.4.7　智慧城市

5G 助力智慧城市在安防、巡检、救援等方面提升管理与服务水平。在城市安防监控方面，结合大数据及人工智能技术，"5G+超高清视频监控"可实现对人脸、行为、特殊物品、车辆等的精确识别，具备对潜在危险的预判能力和紧急事件的快速响应能力。在城市安全巡检方面，5G 结合无人机、无人车、机器人等安防巡检终端，可实现城市立体化智能巡检，提高城市日常巡查的效率。在城市应急救援方面，5G 通信保障车与卫星回传技术可实现建立救援区域海陆空一体化的 5G 网络覆盖；"5G+VR/AR"可协助指挥部应急调度人员及时、直观地了解现场情况，更快速、更科学地制订应急救援方案，提高应急救援效率。目前，公共安全和社区治安成为城市治理的热点领域，以远程巡检应用为代表的环境监测也将成为城市发展关注的重点。未来，城市全域感知和精细管理成为必然发展趋势。

2.4.8　信息消费领域

5G 给垂直行业带来变革与创新的同时，也将孕育新兴信息产品和服务，改变人们的生活方式。在"5G+云游戏"方面，5G 可实现将云端服务器上渲染压缩后的视频和音频直接传送至用户终端，解决了用户终端计算力不足的问题，解除了游戏优质内容对终端硬件的束缚和依赖，对于消费端成本控制和产业链降本增效起到了积极的推动作用。在智慧商业综合体领域，"5G+AI 智慧导航""5G+AR 数字景观""5G+VR 电竞娱乐空间""5G+VR/AR 全景直播""5G+VR/AR 导购及互动营销"等应用已开始在商圈及购物中心落地应用，并逐步规模化推广。未来，随着 5G 网络的全面覆盖以及网络能力的提升，"5G+沉浸式云 XR""5G+数字孪生"等应用场景也将实现，让购物消费更具活力。

2.4.9　金融领域

金融科技相关机构正积极推进 5G 在金融领域的应用探索，银行业是5G 在金融领域落地应用的先行军，5G 可为银行提供整体的改造。前台方面，综合运用 5G 及多种新技术，可实现智慧网点建设、机器人全程服务客户、远程业务办理等；中后台方面，通过 5G 可实现"万物互联"，从而为数据分析和决策提供辅助。除银行业外，证券、保险和其他金融领域也在积极推动"5G+"发展，5G 开创的远程服务等新交互方式为客户带来全方位数字化体验，线上即可完成证券开户审核、保险查勘定损和理赔，使金融服务不断走向便捷化、多元化，带动金融行业的创新变革。

2.5　5G 融合应用为经济发展注入新活力

作为通用网络技术，5G 将全面构筑经济社会数字化转型的关键基础设施，5G 与垂直行业的融合应用将孕育新兴信息产品和服务，改变人们的生活方式，促进信息消费，并逐步渗透到经济社会各行业各领域，重塑传统产业发展模式，并拓展创新创业空间。

一是 5G 应用能够显著促进信息消费。5G 将实现人与人、人与物、物与物的广泛连接，不仅能直接促进 5G 手机、智能家居、可穿戴设备等产品消费，还可培育诸如超高清视频、下一代社交网络、VR/AR 浸入式游戏等新型服务消费形态。根据中国信息通信研究院的测算，预计自 2020 到 2025 年，5G 将带动新型信息产品和服务消费超过 8 万亿元。

二是 5G 应用能够有效带动产业发展。5G 与云计算、大数据、人工智能等技术深度融合，将支撑传统产业研发设计、生产制造、管理服务等生产流程的全面深刻变革，助力传统产业优化结构、提质增效。产业间的关联效应和波及效应，将放大 5G 对经济社会发展的贡献，带动国民经济各行业、各领域实现高质量发展。

三是 5G 应用将拓展创新创业新空间。5G 促进应用场景从个人消费领域拓展至行业生产服务领域，除带动信息产业发展外，还将创造大量具有高知识含量的就业机会，比如，5G 将催生工业数据分析、智能算法开发、行业应用解决方案等新型信息服务岗位，并培育基于在线平台的灵活就业模式。据测算，到 2025 年，5G 直接创造的就业岗位将超过 300 万个。

本章小结

数字化、网络化、智能化的信息通信技术使现代经济活动更加灵活、敏捷。本章简要介绍了智能数字通信中常见的互联网技术，同时概括性地介绍了移动通信技术，并重点介绍了 5G 网络架构、5G 网络的服务能力等。本章最后，对 5G 的应用场景进行了较为详细的分析。

思　考　题

2-1　什么是 Internet、Intranet 和 Extranet？

2-2　简述域名解析体系的构成。

2-3　简述 5G 的应用将会对你计划从事的专业领域带来什么样的影响。

2-4　选择题

（1）5G 的含义包括：无所不在、超宽带、（　　）的无线接入。

A．低延时　　　　　　　　B．高密度　　　　　　　　C．高可靠

(2) 4K, 8K 超高清视频业务属于 5G 三大类应用场景网络需求中的哪一种？

A. 增强移动宽带　　　　B. 海量大连接

C. 低时延高可靠　　　　D. 低时延大带宽

第 3 章　物联网及相关技术

物联网被公认为是继计算机、互联网与移动通信网之后世界信息产业第三次浪潮。在互联网环境下，它通过采用适当的信息安全保障机制，提供安全可控乃至个性化的实时在线监测、定位追溯、报警联动、调度指挥、预案管理、远程控制、安全防范、远程维保、在线升级、统计报表、决策支持等管理和服务功能，实现物与物、人与物之间的信息传递与控制，以及对"万物"的高效、节能、安全、环保的管、控、营一体化。本章将详细地讨论物联网概念及物联网应用的相关技术。

3.1　物联网的逻辑架构

物联网的概念是在 1999 年提出的。物联网就是物物相连的互联网。它有两层含义：第一，物联网的核心和基础仍然是互联网，是在互联网基础上延伸和扩展的网络；第二，其用户端延伸和扩展到了物品与物品之间，使之能进行信息交换和通信。

有专家给出物联网的定义：物联网是一个动态的全球网络基础设施，它具有基于标准和互操作通信协议的自组织能力，其中物理的和虚拟的"物"具有身份标识、物理属性、虚拟特性和智能的接口，并与信息网络无缝整合。物联网将与媒体互联网、服务互联网和企业互联网一起构成未来互联网。

这里，物联网中的"物"必须满足以下条件：有相应信息的接收器；有数据传输通路；有一定的存储功能；有 CPU；有操作系统；有专门的应用程序；有数据发送器；遵循物联网的通信协议；有可被识别的唯一编号。

虽然人们对物联网的定义目前还存在争执，但是对于物联网的三层逻辑架构已经达成了一致意见。物联网的逻辑层次从下至上依次为感知层、传输层和应用层，如图 3-1 所示。

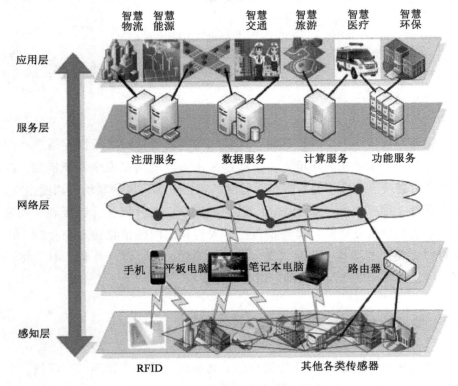

图 3-1 物联网的逻辑架构

（1）感知层

感知层是所有数据的来源，它从射频识别（Radio Frequency Identification，RFID）装置、GPS、环境传感器、工业传动器、摄像头等各种各样的智能设备中获取原始数据。物联网发展的最终目标是实现万物互联，所以感知层的目标是全面感知和收集所需的外界信息。这里特别注明，学术界常把传感器网络归于感知层，但通过调研发现，传感器网络的主要任务是传感器节点间信息的安全传输，其与传输层的安全任务更为一致，所以本书把传感器网络的安全问题划分到传输层去讨论。

（2）传输层

传输层的主要工作可以抽象为 2 个子层：网络层和服务层。

传输层通过各种有线和无线的网络通信技术（有线宽带、移动网络、无线网络等）把感知层收集的信息安全可靠地传输到应用层，其主要有两大安全任务：一是实现单一网络内部的信息安全传递；二是实现不同网络之间的信息安全传递。这些任务的特点如下：①机密性。一个传感器网络不应当向其他网络泄露任何敏感的信息。在许多应用（如密钥分发等）中，节点之间传递的是高度敏感的数据。②真实性。节点身份认证或数据源认证在传感器网络的应用中是非常重要的。在传感器网络中，攻击者极易向网络注入其他信息，接收者只有通过数据源认证才能确信消息是从合法的节点处发送过来的。③完整性。在通信过程中，数据完整性能够保证接收者收到的信息在传输过程中没有被攻击者篡改或替换。在基于公钥的密码体制中，数据完整性一般是通过数字签名来完成的，但资源有限的传感器网络无法支持这种代价昂贵的密码算法。

服务层主要负责云端数据的聚合与智能处理等。

（3）应用层

应用层中的云服务平台将对接收到的来自传输层的数据进行智能处理，即对海量分布式信息进行数据清理并提炼出含有较高信息量的数据，主要技术包括搜索引擎、数据挖掘和云数据管理与共享等。

应用平台为用户提供服务。云端将处理后的数据传输给用户对应的服务程序（如远程医疗 Web 服务、管理智能家居设备的 App、智能交通信息监控与处理平台等），然后服务程序利用这些数据为用户提供所需服务。需要注意的是，生活中提及的智能家居、智能交通、智能电网等物联网应用场景，并不直接对应物联网架构中应用层的应用，这些应用场景是建立在完整的三层物联网架构之上的，物联网架构中的应用层对应的只是这些应用场景中经过感知层收集数据和传输层传输数据后展示给用户的服务程序。

下面按物联网的三层逻辑架构，简要地讨论其支撑技术。

3.2 物联网感知层相关技术

物联网感知层是物联网的皮肤和五官，用于识别物体，采集信息。感知层解决的是人类世界和物理世界的数据获取问题。它可通过传感器、数码相机等设备采集外部物理世界的数据，然后通过射频识别、条码、工业现场总线、蓝牙、红外等短距离传输技术传递数据。物联网感知层常见的相关技术如下。

3.2.1 射频识别技术

射频识别（RFID），又称无线射频识别，俗称电子标签。它可通过无线电信号识别特定目标并读写相关数据。射频一般是微波，适用于短距离识别通信。

RFID 是一种无接触的自动识别技术，利用射频信号及其空间耦合传输特性，实现对静态或移动待识别物体的自动识别，用于对采集点的信息进行"标准化"标识。鉴于 RFID 可实现无接触的自动识别，并具备识别穿透能力强、无接触磨损，以及可同时实现对多个物品的自动识别等诸多优点，将这一技术应用到物联网领域，使其与互联网、通信技术相结合，可实现全球范围内物品跟踪与信息共享，在物联网识别信息和近程通信层面起着至关重要的作用。

（1）RFID 的工作原理及系统组成

通常情况下，RFID 系统主要由读写器和 RFID 卡两部分组成，如图 3-2 所示。其中，读写器一般作为计算机终端，用来实现对 RFID 卡的数据读写和存储，它由控制单元、高频通信模块和天线构成。RFID 卡一般是无源的应答器，它主要由一块集成电路芯片及其外接天线组成。RFID 芯片通常集成有射频前端、逻辑控制、存储器等电路，部分 RFID 卡将天线集成在同一芯片上。

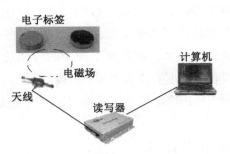

图 3-2 RFID 系统

RFID 的基本工作原理：当带有 RFID 卡的物体进入读写器的射频场时，RFID 卡的天线获得的感应电流经升压电路升压后作为 RFID 卡芯片的电源，同时带信息的感应电流通过射频前端电路的检测得到数字信号，并将数字信号送入 RFID 卡内的逻辑控制电路进行信息处理。所需回复的信息从存储器中获取，然后经逻辑控制电路送回射频前端电路，最后通过 RFID 卡的天线发回给读写器。

在具体的应用过程中，根据不同的应用目的和应用环境，RFID 系统的组成有所不同，但从 RFID 系统的工作原理来看，系统一般都由信号发射机、信号接收机、发射接收天线组成。

在 RFID 系统中，因应用目的因不同，信号发射机以不同的形式存在，典型的形式是电子标签（TAG）。标签相当于条码技术中的条码符号，用来存储需要识别传输的信息。与条码不同的是，标签必须能够自动或在外力作用下，把存储的信息主动发射出去。电子标签一般是带有线圈、天线、存储器与控制系统的集成电路。

信号接收机在 RFID 系统中一般称为阅读器。支持的标签类型与完成的功能不同，阅读器的复杂程度显著不同。阅读器的基本功能就是提供与标签进行数据传输的路径。另外，阅读器还提供相当复杂的信号状态控制、奇偶错误校验与更正功能等。标签中除了存储需要传输的信息外，还必须含有一定的附加信息，如错误校验信息等。数据信息和附加信息按照一定的结构编制在一起，并按照特定顺序向外发送。阅读器通过接收到的附加信息控制数据流发送。一旦到达阅读器的信息被正确接收和译解，阅读器就会通过特定的算法决定是否需要发射机重发一次信号，或者指导发射机停止发信号，这就是命令响应协议。使用这种协议，即便在很短的时间、很小的空间内阅读多个标签，也可以有效地防止欺骗问题的产生。

天线是在标签与阅读器之间传输数据的发射、接收装置。在实际应用中，除了系统功率，天线的形状和相对位置也会影响数据的发射和接收，需要专业人员对系统的天线进行设计、安装。

（2）应用举例

1）射频门禁

门禁系统应用射频识别技术，可以实现持有效电子标签的车辆在不停车的情况下通行，方便通行又节约时间，提高了路口的通行效率。更重要的是，利用它可以对小区或停车场的车辆出入进行实时监控，准确验证出入车辆和车主身份，维护区域治安，使小区或停车场的安防管理更加人性化、信息化、智能化、高效化。

2）电子溯源

电子溯源系统使用了以下三种基础技术：一种是无线射频技术，在产品包装上加贴带芯片的标识，当产品进出仓库和运输时就可以自动采集和读取相关的信息，并且产品的流向也被记录在芯片上；一种是二维码，消费者只需要通过带摄像头的手机扫描二维码，就能查询到产品的相关信息，查询的记录都会保留在系统内，一旦产品需要召回，系统就可以直接发送短信给消费者，实现精准召回；还有一种是条码加上产品批次信息（如生产日期、生产时间、批号等），生产企业采用这种方式基本不会增加生产成本。

电子溯源系统可以实现所有批次产品从原料到成品、从成品到原料100%的双向追溯功能。这个系统最大的特色就是数据的安全性，每个人工输入的信息均被软件实时备份。

3）食品药品溯源

一些试点城市如宁波、广州、上海等，已经开始采用 RFID 技术进行食品药品的溯源。食品药品的溯源主要解决其产品来源和销售的跟踪问题，如果发现产品有问题，可以层层追溯，直到找到问题的根源。

4）产品防伪

RFID 技术经历几十年的发展应用，技术本身已经非常成熟，且在日常生活中随处可见。RFID 技术应用于防伪实际就是在普通的商品上加电子标签，电子标签相当于一个商品的身份证，它伴随商品生产、流通、使用的各个环节，在各个环节记录商品的各项信息。电子标签本身具有以下特点：

① 每个标签具有唯一的标识信息，在生产过程中将标签与商品信息绑定，在后续流通、使用过程中标签都唯一代表了所对应的那件商品。

② 电子标签具有可靠的安全加密机制，我国第二代居民身份证也采用了这项技术。不管是在售前、售中，还是在售后，用户都可以采用非常简单的方式对商品进行验证。随着近距离无线通信（NFC）功能手机的普及，用户自身的手机将成为最简单、可靠的验证设备。

③ 电子标签的保存时间一般可以达到几年、十几年甚至几十年，这样的保存时间对于绝大部分产品都已足够。

3.2.2　传感器技术

感知层中不可缺少的部分是传感器。它是一种检测装置，能感受到被测量的信息，并能将感受到的信息，按一定规律变换成电信号或其他所需形式输出，以满足信息的传输、处理、存储、显示、记录和控制等要求。

传感器的特点包括微型化、数字化、智能化、多功能化、系统化、网络化。它是实现自动检测和自动控制的关键部件。传感器的存在和发展，让物体有了触觉、味觉和嗅觉等，让物体慢慢变"活"。图 3-3 展示了各种传感器。

图 3-3　各种传感器

传感器在《韦氏第三版国际英语大词典》中被定义为：从一个系统接受功率，通常以另一种形式将功率送到第二个系统中的器件。这一定义所表述的传感器的主要内涵包括：

① 从传感器的输入端来看，一个指定的传感器只能感受确定的被测量，即传感器对规定的物理量具有最大的灵敏度和最好的选择性。例如，温度传感器只对温度变化敏感，而不受其他物理量的影响。

② 从传感器的输出端来看，传感器的输出信号为"可用信号"，这里所谓的可用信号是指便于处理、传输的信号，最常见的是电信号、光信号。可以预料，未来的可用信号或许是更先进、更实用的其他信号形式。

③ 从输入与输出的关系来看，它们之间具有"一定规律"，即传感器的输入与输出不仅是相关的，而且这种关系可以用确定的数学模型来描述，即具有确定规律的静态特性和动态特性。

传感器的基本功能是检测信号和转换信号。传感器总是处于测试系统的最前端，用来获取信息，其性能将直接影响整个测试系统，对测量精确度起着决定性作用。

（1）传感器的组成

传感器一般由敏感元件、转换元件、转换电路和辅助电源四部分组成，如图 3-4 所示。当然，不是所有的传感器都有敏感元件、转换元件之分，有些传感器将两者合二为一，还有些新型的传感器将敏感元件、转换元件及信号调理电路集成为一个器件。

图 3-4　传感器的组成

敏感元件直接感受被测量，并输出与被测量有确定关系的物理量信号；转换元件将敏感元件输出的物理量信号转换为电信号；转换电路负责对转换元件输出的电信号进行放大调制。转换元件和转换电路一般还需要辅助电源供电。

（2）传感器的分类

● 根据用途的不同，传感器可分为压力传感器、位置传感器、液位传感器、能耗传感器、速度传感器、加速度传感器、射线辐射传感器、热敏传感器等。

● 根据原理的不同，传感器可分为振动传感器、湿敏传感器、磁敏传感器、气敏传感器、真空度传感器、生物传感器等。

● 根据输出信号的不同，传感器可分为模拟传感器、数字传感器、开关传感器等。

模拟传感器：将被测量的非电学量转换成模拟电信号。

数字传感器：将被测量的非电学量转换成数字输出信号（包括直接转换和间接转换）。

开关传感器：当一个被测量的信号达到某个特定的阈值时，传感器相应地输出一个设定的低电平或高电平信号。

● 根据制造工艺的不同，传感器可分为集成传感器、薄膜传感器、厚膜传感器、陶瓷传感器等。

集成传感器：用硅基半导体集成工艺制成的传感器。通常将初步处理被测信号的电路集成在同一芯片上。

薄膜传感器：通过在介质衬底（基板）上沉积相应的敏感材料薄膜制成。使用混合工艺时，同样可将部分电路集成在此基板上。

厚膜传感器：通过将相应材料的浆料涂覆在陶瓷基片上制成（基片通常由 Al_2O_3 制成），然后进行热处理，使厚膜成形。

陶瓷传感器：采用标准陶瓷工艺或其某种变种工艺（溶胶、凝胶等）制成。完成适当的预备性操作之后，将已成形的元件置于高温中进行烧结。

厚膜传感器和陶瓷传感器的制作工艺有许多共同特性，在某些方面，可以认为厚膜工艺是陶瓷工艺的一种变形。

每种工艺技术都有自己的优点和不足。由于研究、开发和生产的资本投入有限，以及传感器参数必须具有高稳定性等原因，目前多数情况下采用陶瓷传感器和厚膜传感器。

● 根据测量目的的不同，传感器可分为物理型传感器、化学型传感器、生物型传感器。

物理型传感器：利用被测量物质的某些物理性质发生明显变化的特性制成。

化学型传感器：利用能把化学物质的成分、浓度等化学量转化成电学量的敏感元件制成。

生物型传感器：利用各种生物或生物物质的特性制成，用以检测与识别生物体内的化学成分。

● 根据构成的不同，传感器可分为基本型传感器、组合型传感器、应用型传感器。

基本型传感器：一种最基本的单个转换装置。

组合型传感器：由不同的单个转换装置组合构成。

应用型传感器：由基本型传感器或组合型传感器与其他机构组合构成。

（3）智能传感器

智能传感器是一门现代综合技术，是当今世界正在迅速发展的高科技新技术，但还没有形成规范化的定义。归纳诸多学者的观点，可将其定义为基于人工智能理论，利用微处理器实现智能处理功能的传感器。

智能传感器不仅应具有视觉、触觉、听觉、嗅觉、味觉等功能，而且应具有记忆、学习、思维、推理和判断等"大脑"能力。其中，视觉、触觉、听觉、嗅觉、味觉等功能由传统的传感器完成，传统传感器的功能结构包括敏感元件、调理电路和模数（A/D）转换器。敏感元件将描述客观对象与环境状态或特性的物理量转换成电路元件参量或状态参量，调理电路将电路参量转换成电压信号并进行归一化处理以满足模数转换器动态范围要求。智能传感器的构成如图 3-5 所示。

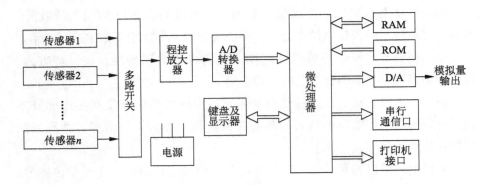

图 3-5 智能传感器的构成

微处理器对模数（A/D）转换器输出的数字信号进行智能处理，主要智能处理功能如下：

① 信息存储和传输。随着全智能集散控制系统的飞速发展，智能单元需要具备通信功能，用通信网络以数字形式进行双向通信能满足这一需求，这是智能传感器关键标志之一。智能传感器通过测试数据传输或接收指令实现各项功能，如增益设置、补偿参数设置、内检参数设置、测试数据输出等。

② 自补偿和计算功能。多年来，从事传感器研制的工程技术人员为传感器的温度漂移和非线性输出做了大量的补偿工作，但都没有从根本上解决问题。而智能传感器的自补偿和计算功能为传感器的温度漂移和非线性补偿开辟了新的途径。这样可放宽传感器的加工精密度要求，只要能保证传感器的重复性好，利用微处理器对测试的信号进行计算，采用多次拟合和差值计算方法对漂移和非线性进行补偿，就能获得较精确的测量结果。

③ 自检、自校、自诊断功能。普通传感器需要定期检验和标定，以保证它在正常使用时有足够的准确度，这一般要求将传感器从使用现场拆卸送到实验室或检验部门去检验或标定。在线测量传感器出现异常时，不能及时诊断。采用智能传感器则情况大有改观，首先在电源接通时传感器的自诊断动能可以诊断组件有无故障；其次，可以根据使用时间进行在线校正，微处理器利用存储在 EPROM 内的计量特性数据进行对比校对。

④ 复合敏感功能。敏感元件测量一般通过两种方式实现：直接测量和间接测量。而智能传感器具有复合敏感功能，能够同时测量多种物理量和化学量，能给出较全面反映物质运动规律的信息。如美国加利福尼亚大学

研制的复合液体传感器，可同时测量介质的温度、流速、压力和密度。复合力学传感器，可同时测量物体某一点的三维振动加速度（加速度传感器）、速度（速度传感器）、位移（位移传感器）等。

大规模集成电路的发展使得传感器与相应的电路都集成在同一芯片上，这种具有某些智能功能的传感器叫作集成智能传感器。集成智能传感器有三个方面的优点：

① 较高信噪比。传感器的弱信号先经集成电路信号放大后再远距离传送，可大大提高信噪比。

② 改善性能。由于传感器与电路集成于同一芯片上，对于传感器的零点漂移、温度漂移和零位可以通过自校单元定期自动校准。另外，可以采用适当的反馈方式改善传感器的频响。

③ 信号规一化。传感器的模拟信号通过程控放大器进行规一化，再通过模数（A/D）转换器转换成数字信号，微处理器按数字传输的几种形式，如串行、并行、频率、相位和脉冲等，进行数字规一化。数字规一化后可直接传输到终端设备如手机上，如图 3-6 所示。

图 3-6　智能传感器

智能传感器已广泛应用于航天、航空、国防、科技和工农业生产等各个领域。例如，智能传感器使机器人具有类人的五官和大脑功能，可感知各种现象、完成各种动作。在工业生产中，利用传统的传感器无法对某些产品质量指标（如黏度、硬度、表面光洁度、成分、颜色及味道等）进行快速、直接测量并在线控制，而利用智能传感器可直接测量与产品质量指标有函数关系的生产过程中的某些量（如温度、压力、流量等），再利用神经网络或专家系统技术建立的数学模型进行计算，推断出产品的质量。在医学领域，糖尿病患者需要随时监测血糖水平，以便调整饮食和注射胰岛素，防止其他并发症。通常测血糖时必须刺破手指采血，再将血样放到葡萄糖试纸上,最后把试纸放到电子血糖计上进行测量。这是一种既麻烦又痛苦的方法。美国 Cygnus 公司生产了一种葡萄糖手表,其外观像普通手表一样,戴上它就能实现无疼、无血、连续的血糖测试。葡萄糖手表上有一块涂着试剂的垫子,当垫子与皮肤接触时,葡萄糖分子就被吸附到垫子上,并与试剂发生电化学反应,产生电流。传感器测量该电流,经处理器计算出与该电流对应的血糖浓度,并以数字量显示。

虚拟化、网络化和信息融合技术是智能传感器发展完善的三个主要方向。虚拟化是利用通用的硬件平台和软件实现智能传感器的特定硬件功能,虚拟化传感器可缩短产品开发周期,降低成本,提高可靠性。网络化智能传感器利用各种总线的多个传感器组成系统并配备带有网络接口(LAN 或 Internet)的微处理器。通过系统和网络处理器可实现传感器之间、传感器与执行器之间、传感器与系统之间的数据交换和共享。多传感器信息融合是指将已智能处理过的多传感器信息经过元素级、特征级和决策级组合后形成更为精确的描述被测对象的特性和参数。

3.3　物联网无线组网技术

物联网融合了新一代的互联网技术和移动通信技术,通过把由各种传感器组成的终端嵌入各种实物中,把实物组建成网络的形式并与目前的互联网整合起来,利用传感器收集信息和互联网快速传递数据信息的功能,以及计算机强大的数据处理能力,高效快速地管理实物,充分实现资源信息的共享,最终达到提高资源的利用率和生产水平的目的。

在物联网中,物体可以实时地被识别、定位和进行数据交互,这也是形成物联网的基本要求。

无线网络传输是物联网短距离传输的重要技术。常见的短距离无线网络通信技术主要分为两类:一类是 ZigBee、Wi-Fi、蓝牙、Z-wave 等短距离无线网络通信技术;另一类是低功耗广域网(Lowpower Wide-Area Network,LPWAN),即广域网通信技术。LPWAN 又可分为两类:一类是工作于未授权频谱的 LoRa、Sigfox 等技术;另一类是工作于授权频谱下,3GPP 支持的蜂窝通信技术,比如 EC-GSM、LTE Cat-m、NB-IoT 等。本书着重讨论物联网的蓝牙、ZigBee、SimpicitTI 协议组网等短距离无线网络通信技术。

3.3.1　无线组网模块

多个同类型模块可以组成小型网络，数据可以在该网络中传输，这被广泛地应用于物联网各领域。企业局域网无线组网方案如图 3-7 所示。

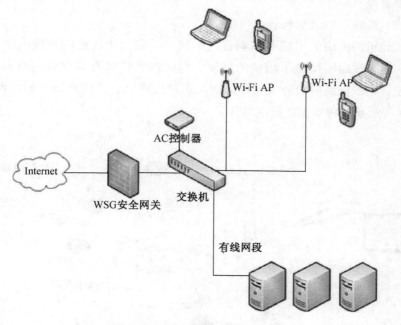

图 3-7　企业局域网无线组网方案

（1）无线组网模块的特点

无线组网模块的特点如下：

① 网状网络：网络中每个节点都拥有多条备用路径，且网络可实现自维护、自修复，能更好地适应各种复杂、多变的现场环境。

② 跳频技术：采用多信道跳频技术，抗干扰能力强。

③ 自动组网：免现场设置、全智能自动路由、无路由级数限制、无需额外增加中继。

④ 路由算法：AODV 路由协议、冲突检测等众多典型无线网络理论，在网络鲁棒性、响应速度、数据速率、安装调试智能化水平和环境适应性等方面取得平衡。

⑤ 节点自注册：网络节点可实现自注册入网，真正实现即插即用。

⑥ 指定路由：在网络中新增节点可实现指定路由入网。

⑦ 数据自动采集：在数据传输过程中，无线组网模块会自动采集路由路径上的节点数据，大大提高了数据采集效率。

⑧ 双向通信：采用半双工无线通信方式，可实现重点用户监控、异常故障报警等。

（2）无线网络的结构

无线组网模块的实现不同于有线组网，不能使用成熟的有线网络拓扑结构，但无线组网摆脱了场地的限制，组成的网络也有其自身的特点。总的来说，无线网络一般分为三种结构：点对点网络、星状网络和网状网络，图 3-8 所示是三种常见的组网结构。

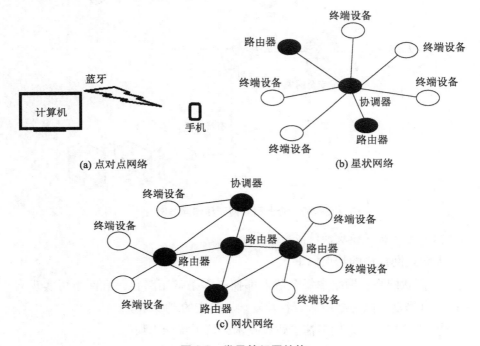

图 3-8　常见的组网结构

● 点对点网络：又称对等式网络，是无中心服务器、依靠用户群交换信息的互联网体系，它的作用在于减少传统网络传输中的节点，以降低信息遗失的风险。与有中心服务器的中央网络系统不同，点对点网络的每个用户端既是一个节点，又有服务器的功能，任何一个节点无法直接找到其他节点，必须依靠其用户群进行信息交流。

点对点网络的节点遍布整个互联网，不方便包括开发者在内的任何人、组织或政府实施监控。其在网络隐私要求较高的领域和文件共享领域得到了广泛的应用。使用纯点到点技术的网络系统有比特币、Gnutella 和自由网等。

● 星状网络：控制简单，任何节点只需和中心节点通信，因此协议相对简单，易于实施网络监控和管理。

● 网状网络：处于网络中的每两个节点之间可以直接或者间接通信，有时通信路径不唯一，这样的网络结构组成各种形状，网络内的各个节点之间比较容易实现资源的共享，并能选择最佳路径，传输时延低，但建设网络的费用较高。

3.3.2　几种常见的无线组网技术

（1）蓝牙组网

蓝牙技术是一种支持设备短距离通信（一般小于 10 m）的无线电技术，能够实现在移动电话、个人数字工具、无线耳机、笔记本电脑及其相关外设等众多设备之间进行无线信息交换。利用蓝牙技术，既能够有效地简化移动通信终端设备之间的通信，又能够成功地简化设备与因特网之间的通信。

蓝牙系统采用灵活的无基站的组网方式，使得 1 个蓝牙设备可同时与 7 个其他蓝牙设备相连接。蓝牙网络的拓扑结构有两种形式：微微网和分布式网络。

① 微微网是通过蓝牙技术以特定方式连接起来的一种微型网络，一个微微网可以是两台设备相连组成，比如一台便携式电脑和一部移动电话，也可以是 8 台设备连在一起组成。在一个微微网中，所有设备的级别是相同的，它们具有相同的权限。微微网由一个主设备（Master）单元（发起链接的设备）和最多 7 个从设备（Slave）单元构成。主设备单元负责提供时钟同步信号和跳频序列，从设备单元接受主设备单元的同步控制。

② 分布式网络由多个独立的非同步微微网组成，它们以特定的方式连接在一起。

蓝牙独特的组网方式赋予了它无线接入的强大生命力，同时可以有 7 个移动蓝牙用户通过一个网络节点与主设备相连。蓝牙组网靠跳频顺序识别不同的微微网，同一微微网内的所有用户都与这个网络节点的跳频顺序同步。

（2）ZigBee 协议组网

ZigBee 作为一种短距离、低功耗、低数据传输速率的无线网络技术，是介于无线标记和蓝牙之间的一种技术方案，在传感器网络等领域应用非常广泛。ZigBee 技术具有强大的组网能力，可以形成星型网、树型网和网状网，三种 ZigBee 网络结构各有优势，可以根据实际项目需要选择合适的 ZigBee 网络结构。

1）ZigBee 网络的构建

每一个 ZigBee 网络中，只能有一个协调器，协调器主要负责整个网络的构建，同时也可作为与其他类型网络通信的节点（网关）；但网络中可以有很多个路由器和终端节点，当然也有数量限制，一般 1 个 ZigBee 网络最多可存在 65000 个终端节点。

ZigBee 网络的构建是由协调器发起的。协调器首先进行信道扫描，采用一个其他网络没有使用的空闲信道，同时规定 Cluster-Tree 的拓扑参数，如最大的子节点数、最大层数、路由算法、路由表生存期等。

协调器启动后，其他普通节点加入网络时，只要将自己的信道设置成与现有的协调器使用的信道相同，并提供正确的认证信息，即可请求加入网络。一个节点加入网络后，可以从其父节点得到自己的短 MAC 地址、ZigBee 网络地址以及协调器规定的拓扑参数。同理，一个节点要离开网络，只需向其父节点提出请求即可。一个节点若成功地接收一个子节点，或者其子节点成功脱离网络，都必须向协调器汇报。因此，协调器可以即时掌握网络的所有节点信息，维护网络信息库。

2）ZigBee 协议组网的特点

① 功耗较低：这主要是因为该协议一般不支持高速数据传输，而且有相应的低功耗模式，在有限电量下可以工作很长时间。

② 容量比较大：在一个网络中最多可以存在 65000 个终端节点，在星型网络中还可容纳不同的设备。

③ 组网形式灵活多变：连接的网络节点之间可以相互感知，数据流通途径可以有多种方式。

④ 可靠性和安全性比较高：该协议的 MAC 层中使用了确认信息的数据传输模式，发送的每一个数据成功接收后，才能进行下一步传输动作；该协议还提供了循环冗余校验功能和完善的加密算法，确保了信息的安全

传输。

（3）SimpicitiTI 协议组网

SimpliciTI 协议是德州仪器（TI）针对其生产的芯片开发的，主要支持两种通信结构：简单的点对点结构和星状的网络结构。在星状的网络结构中，主节点 AP 为供电设备，它时刻监听着整个网络，负责大部分服务任务，包括网络的构建及维护，对各个节点低功耗的支持等，还提供从正常模式到休眠模式的切换服务，并且建立了快速唤醒体制。该协议组成的网络比较稳定，数据的传输可靠性高。SimpliciTI 协议对硬件资源要求不高，只要具备基本的寄存器和较小的存储空间就可以运行。

图 3-9 所示是 SimpliciTI 协议的组成结构。从图 3-9 可以看出，Simplici-TI 协议主要分为 3 个部分：应用层、网络层和硬件逻辑层。

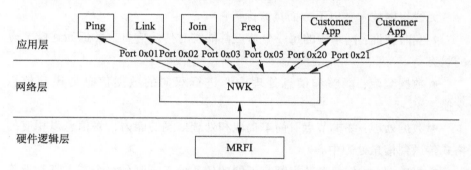

图 3-9　SimpliciTI 协议的组成结构

1）应用层

应用层就是指主应用程序，在该程序中定义并实现整个系统的各项功能，具体包括整个系统的初始化，网络的初始化以及网络维护，管理整个系统的数据流程等。

2）网络层

网络层主要负责管理信息的收发队列，网络层由许多的应用函数组成，这些函数以端口号作为自身的标志，协议中出现的端口和 TCP/IP 中的端口相似。在 SimpliciTI 协议的网络层中，通过相互的 API 函数调用最终实现整个网络层的功能。

3）硬件逻辑层

硬件逻辑层 MRFI 为射频等应用板的接口。它又可细分为射频层 Radio

和应用板支持层 BSP，硬件逻辑层负责实现网络的 API 接口函数，涉及射频模块的硬件结构函数在其中被定义，如射频初始化接口函数 MRF1_ init（）。

SimpliciTI 组网协议的构建流程如下：整个系统首先进行硬件底层的初始化，然后是上层网络的初始化，所有的终端节点开始发送入网请求，此时主节点 AP 检测是否有节点加入请求，如果有入网的请求就开始响应终端节点，最终构建好整个网络框架。在构建好网络之后，可以调用协议中的 API 函数进行网络的控制，以及整个系统数据收发流程的控制。设备之间通过调用协议接口函数建立好网络后，就可以进行端到端的数据收发，这样就实现了整个网络系统的数据传递功能。

3.3.3 无线组网技术的优势

无线组网技术在以下方面具有优势：

● 实时查询：网络中的每一个节点都能实时传输信息，并返回终端节点的状态。

● 数据交流：能够和信息处理中心进行双向的数据信息传递和信息交换。

● 数据处理：终端节点有简单提取和处理信息的能力，将信息以相应的格式传送到信息处理中心。

● 组成网：虽然每个节点都有不同的任务分工，但是每个节点都和上下节点之间建立了连接，宏观上组成了一个无线的局域网络。

● 低能耗：不管是终端设备、路由器，还是协调器，每个节点都是由微控制器控制的低功耗芯片，一般的终端节点都使用纽扣电池或者太阳能电池供电，所以整个网络的功耗较低。

无线组网技术是一体化的整合网络，各种无线通信技术如 Wi-Fi、蓝牙、ZigBee 和移动通信等都融合到互联网中，组成一个稳定高速的信息数据网络，各种无线通信技术相互补充完善，给人们提供便利高效的物联网服务。

3.4 物联网操作系统

物联网操作系统作为物联网行业发展的关键技术，其发展趋势十分迅猛。目前，华为、阿里、ARM、谷歌、微软等国内外公司均推出了物联网操作系统。由于存在设备的异构性、设备间的互用性以及部署环境的复杂性等问题，因而物联网应用面临安全性较低、不便于移植、成本较高的困难与挑战。其中，物联网操作系统作为连接物联网应用与物理设备的中间层，对解决这些问题起着重要作用。物联网操作系统可以屏蔽物联网的碎片化特征，为应用程序提供统一的编程接口，从而缩短开发时间和开发成本，便于实现整个物联网的统一管理。物联网操作系统作为物联网系统架构的核心，其安全问题会严重影响整个物联网生态系统的安全性，所以物联网操作系统成为攻击者的重点攻击目标。近年来，随着物联网应用领域不断扩大，物联网系统安全问题愈发严重。例如，2010 年曝光的"震网病毒"，攻击者利用其入侵多国核电站、水坝、国家电网等工业与公共基础设施的操作系统，造成了大规模的破坏。2016 年爆发的大规模的"IoT 僵尸网络 Mirai"，其控制物联网设备的方法除了利用默认的用户名口令外，还利用了物联网设备中的系统漏洞如缓冲区溢出等，从而控制了大量的物联网设备。随着物联网设备与应用的逐渐增多，物联网操作系统面临的安全风险也逐渐增大。任何一个存在系统漏洞的物联网设备，都会给整个物联网系统带来潜在的安全威胁。物联网设备、通信协议和应用场景的多样化与异构性，也使物联网操作系统构建系统的安全体系变得更加困难。因此，亟待建立起能更加有效地保护物联网操作系统的安全机制。

要想保障物联网设备工作的正常、高效，首先应该了解物联网操作系统新的特征。

① 对硬件驱动和操作系统内核的可分离性要求更高。由于物联网设备异构性较大，不同的设备会有不同的固件与驱动程序，所以对操作系统内核与驱动的可分离性要求更高，进而提高操作系统内核的适用性和可移植性。

② 可配置剪裁性要求高。物联网终端可配置各式各样的硬件，既有小到十几字节内存的微型嵌入式应用，也有高达几十兆字节内存的复杂应用。因此，对物联网操作系统可裁剪性和配置性的要求比对传统嵌入式操作系统要求更高，同一个操作系统，通过裁剪或动态配置，既能够适应低端需求，又能够满足高端复杂需求。

③ 协同互用性要求高。传统的嵌入式系统大多独立完成某个单一任务，

而在物联网环境下各种设备之间相互协同工作的任务越来越多,所以对物联网操作系统之间通信协调的要求越来越高。

④ 自动化与智能化程度更高。随着物联网应用技术的发展,物联网设备需要人为干预的操作越来越少,而自动化与智能化的操作越来越多,所以物联网操作系统比传统的嵌入式操作系统更加智能。

⑤ 安全可信性要求高。传统工业设备的嵌入式操作系统单独处于封闭环境中,同时传统的嵌入式设备与用户的关联并不那么紧密。随着物联网设备在工业与生活中的普遍应用,其将会面临更加严重的网络攻击威胁。同时,物联网设备存储和使用的数据更加敏感和重要,一旦这些设备被控制,将对个人、社会和国家安全造成严重威胁。因此,对于物联网设备的安全和可信性的要求越来越高。

目前具有代表性的物联网操作系统如下:

● Contiki 是一个开源的、容易移植的多任务操作系统,适用于内存资源受限的设备。

● Android Things 操作系统使用 Weave 的通信协议,实现设备与云端相连,并且与谷歌助手等服务交互。

● Nucleus RTOS 操作系统兼容性强,为众多嵌入式架构提供了有力的支持。

● LiteOS 是华为公司开发的轻量级的物联网操作系统,具备零配置、自组网、跨平台的能力。

● Green Hills Integrity 操作系统具有较高的安全性和可靠性。

● eLinux 嵌入式 Linux 操作系统基于 Linux 内核,支持该操作系统的厂商、芯片和产品比较广泛。

● Tizen 操作系统具有很强的移植性,可用于手机、电脑、智能电视、车载系统等多种智能设备。

3.5 物联网应用

在 5G 时代,物联网的相关应用将得到全面的发展。物联网用途广泛,遍及智能交通、环境保护、政府工作、公共安全、平安家居、智能消防、工业监测、老人护理、个人健康、花卉栽培、水系监测、食品溯源、敌情侦查和情报搜集等多个领域。

（1）设备和基础设施维护

将传感器放置在设备或基础设施上可监控设备或基础设施的状况，并且在其出现问题的时候发出警报。一些城市交通管理部门已经采用了这种物联网技术，便于在设备或基础设施出现故障之前进行主动维护。

（2）物流和追踪

在运输业中，传感器被安装在移动的卡车或正在运输的各个独立部件上，这样中央系统就可以实时追踪这些货物直至运输过程结束。

（3）库存管理

对于自助服务售卖机和便携式商店，传感器可在特定商品库存低于再订购水平的时候发送自动补充库存警报。只需要在机器发送警报时让现场工作人员及时补货。

（4）无人驾驶卡车

石油和天然气开采行业的企业已经开始使用无人驾驶卡车，这种卡车可以实现远程控制和远程通信，从而降低运营费用并避免在已知危险的区域发生事故。

（5）GPS 数据聚合

GPS 数据聚合是物联网收集数据的方法之一。人们可以通过物联网统计人口数据、天气数据、基础结构数据、图形数据和任何可以定位到特定地理位置的数据类型。

3.6　物联网应用实例

中国已在物联网的应用方面取得了长足的进步。各行各业都报道了水平不等的物联网系统，本节以农业物联网为例进行简要介绍。

农业物联网的实质是将物联网技术应用于农业生产经营，使农业生产经营更加信息化、智能化。比较典型的农业物联网应用是在大棚控制系统中运用物联网技术，实现温室内环境信息采集、设备远程自动控制等。在农业生产中，通过传感器等设备检测环境中的温度、相对湿度、pH 值、光照强度、土壤养分、CO_2 浓度等物理量参数，再通过各种仪器仪表实时显示或自动控制，可保证农作物有良好的、适宜的生长环境。远程控制的实现使技术人员在办公室就能对多个大棚的环境进行监测控制。采用无线网络测量作物生长的最佳条件，可为温室精准调控提供科学依据，达到增产增收、改善品质、调节生长周期、提高经济效益的目的。下面以托普农业物联网为例进行介绍。

3.6.1 托普农业物联网架构

托普农业物联网架构可分为三层：感知层、传输层和应用层。

（1）感知层

感知层的任务是识别物体、采集信息，其采用各种传感器，如温湿度传感器、二氧化碳传感器、光照传感器、风向传感器、风速传感器、雨量传感器、土壤温湿度传感器等获取与植物生产相关的各类信息。

对于大棚作物来说，温度检测尤为重要。温度不仅会影响作物的生长状况，而且对某些病虫害的预测也有很重要的意义。感知层系统使用一种双金属光纤布拉格光栅（FBG）温度增敏装置，可提高 FBG 的温度灵敏度，虽然这种传感器温度量程有限，但在大棚等温差不大的环境中有很好的应用前景。

CO_2 影响植物的光合作用，因此，CO_2 浓度也是传感器检测的一个重要参数。根据使用材料的不同，用于 CO_2 浓度检测的传感器大致分为金属氧化物 CO_2 气体传感器、固体电解质 CO_2 气体传感器和基于聚合物的 CO_2 气体传感器三大类。其中，关于金属氧化物 CO_2 气体传感器和固体电解质 CO_2 气体传感器技术的研究已经基本成熟，目前研究的热点在基于聚合物的 CO_2 气体传感器方面。

光是植物进行光合作用的前提，现阶段对于环境光传感器的研究主要集中在其在电子行业中感光设备上的应用方面。目前，在光照传感器方面，具有代表性的公司和产品有美国 TAOS 公司推出的 12 bit 环境光传感器芯片 TSL2550 和 AVAGO 公司推出的 APDS 系列环境光传感器芯片。

在农作物生长过程中，湿度也是一个重要的环境因素，湿度包括土壤湿度和空气湿度。土壤湿度影响土壤中的微生物含量和有机质的分解等，从而影响作物生长；而空气湿度对作物的蒸腾作用、光合作用和病害发生有显著影响。有些湿度传感器使用氧化石墨烯（GO）作为湿敏材料。GO 薄膜较其他材料而言，具有较强的亲水性、大表面积及较高的机械模量等优异特性，因此，采用 GO 作为湿敏材料的传感器响应速度快，且精度较高。

目前，运用于农业物联网感知层的光、温、湿、气、热等常规环境传感器已非常成熟，图 3-10 所示是一部感知层中的土壤剖面水分测定仪。

图 3-10　土壤剖面水分测定仪

感知层的传感器分布密集，如果各个传感器直接把采集到的数据传输给应用层，会导致应用层的接收效率低下。一般是先把感知层各个传感器采集的数据通过短距离无线传输，传输到某一点，再通过远距离传输网络集中发送给应用层，即形成组网。远距离传输通常使用 GPRS 等运营商网络，其覆盖面广、成本低、安全性高。

（2）传输层

传输层由各种网络，包括互联网、广电网、网络管理系统和云计算平台等组成，是整个物联网系统的中枢，负责传递和处理感知层获取的信息。传输方式分为有线传输和无线传输两类。目前，大多采用无线传输方式。

（3）应用层

应用层是物联网和用户的接口，它与行业需求结合，实现物联网的智能应用。在托普农业物联网中，应用层主要实现以下功能：① 通过无线传感器网络（WSN）获取植物实时生长环境信息，如温湿度、光照参数等，收集每个节点的数据，进行存储和管理。② 实现整个测试点的信息动态显示，并根据各类信息进行自动灌溉、施肥、喷药、降温补光等控制。③ 发现异常信息自动报警。④ 加装摄像头可以对每个大棚和整个园区进行实时监控。

应用层主要是对由传感器节点采集，并通过网络传输获得的数据进行计算、处理和知识挖掘，从而达到实时控制前端控制端口、精确管理和科学决策的目的。应用层的关键技术包括云计算技术、中间件技术、标识和解析技术、信息与隐私安全技术等。

云计算用于海量数据处理的计算平台，可满足农业物联网对数据管理和处理的要求，很大程度上提高了网络的运行效率。在设计基于物联网与云计算服务的农业智能化平台时，通过解决物联网接入云服务时两者的通信问题，实现了物联网网关既具有被动请求服务器模式，又有推送数据的客户端模式。

应用层消息中间件在物联网通信中起到至关重要的作用，其能适应所有的通信系统，建立通信通道，在应用层起到通信枢纽作用。

3.6.2　农业物联网应用管理系统

农业物联网应用管理系统最基本的部分包括水质在线监测，气象墒情、土壤墒情监测，病虫害、作物长势监测，视频监控，预警管理，统计分析，专家管理等。每一个部分由一个应用软件功能模块实现。应用软件功能模块的叠加和扩充非常方便，整个系统的开发、实施和完善可以分步进行，能够很好地满足目前系统业务的发展需要。

管理系统提供标准的数据采集接口、基础数据接口，定义数据结构、数据类型及通信规则，方便与数据采集设备进行数据交互；提供标准硬件设备管理功能的接口，可与智能传感器、视频监控等硬件设备进行数据对接和交互；提供平台系统与门户网站的接口，实现数据对接和交互。农业物联网可通过云平台实施异地监控和交互，其信息传递流程如图3-11所示。

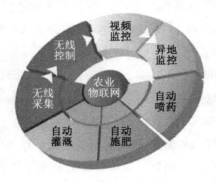

图3-11　信息传递流程

（1）水质在线监测模块

水质在线监测模块，由先进的智能水质传感器、无线传输系统、无线通信系统、预警系统、智能管理系统等组成，对水质进行全方位远程监测管理，可进行大量历史数据的保存与分析，指导生产管理，既可保证产品的增收，又可提高种植农作物的品质，避免水污染造成的环境问题。

水质在线监测模块可通过传感器设备在线实时监测水体溶解氧、浊度、pH 值、电导率、水温、悬浮物等参数的变化情况。水质在线监测技术可在极短的时间内，将监测点所采集的数据传至用户端，确保数据传输的及时性和有效性。与传统人工取样监测相比，不仅简化了繁琐的程序，还节约了监测时间。

通过系统平台，用户可设置所监测参数的安全阈值，一旦前端传感器监测到某处水质参数超过安全阈值，系统将发送报警信息通知用户，以便用户及时处理，确保蓄水池、水库的水质良好。

水质在线监测模块可设置监测时段，自动采集，无需人工看管。系统自动生成数据图表，用户可直观了解水质变化情况。采集数据可保存，历史数据查看方便，并可用于分析，指导生产管理，也方便用户就水产养殖和农作物种植总结经验。

（2）气象墒情监测模块

气象墒情监测模块可为作物生长提供实时环境监测手段，远程监测空气温度、空气湿度、风速、风向、降雨量、太阳辐射等环境信息，为恶劣环境下采取应急措施提供必要的数据支撑。监测数据通过 2G/3G/4G/5G 网络上传至指定云端服务器，用户可通过客户端软件、手机 App 或者 Web 服务等应用系统查看实时监测数据及调用历史数据，同时实现数据的下载及导出。

（3）土壤墒情监测模块

土壤墒情监测模块可用来实时监测土壤水张力、土壤温湿度、水位、溶氧量、pH 值等，通过设定报警阈值，当土壤监测数据异常时，如湿度过高，系统将自动发出预警消息，提醒工作人员。

（4）病虫害、作物长势监测模块

病虫害、作物长势监测模块可实现害虫类别自动分类及计数，并自动进行无公害诱捕杀虫，减少农药的使用。通过高清摄像机采集虫情图像，可远程查看田间虫情。

（5）视频监控模块

视频监控模块由摄像机、无线网桥、网络硬盘录像机、硬盘、交换机等组成，通过实时画面，监测作物的生长情况、病虫害状况、工作人员的作业过程等信息，有助于管理人员对基地作物生长的关键环节进行追踪，及时发现各种不良状况，保障基地的生产活动与设施设备的正常运转。用户可以进入实时视频查看界面，并且界面可放大三倍查看；通过界面右侧的视频导航栏，可实现摄像头的控制，包括方向控制、镜头拉缩、光圈调整、图像抓拍、视频录像及预置位的切换等操作，还可对已抓拍的图像、视频进行批量管理。

（6）预警管理模块

预警管理模块依据不同作物品种对生长环境的要求，充分结合空气温湿度、土壤温度、土壤含水量、二氧化碳浓度及光照强度等环境监测数据，针对作物生长环境信息进行监测预警。当大田环境监测值超过阈值时，进行报警提示，提醒工作人员及时采取相应的生产管理措施，为作物长势、灾害预测和防治提供科学、合理的辅助决策支持，同时预警管理模块还会发布极端气象灾害天气预警，指导用户及时做好相关防护措施。

（7）统计分析模块

统计分析模块利用统计组件对基地环境监测指标（风速/风向、降水量、空气温湿度、太阳辐射强度、土壤含水量、土壤温度）进行可视化分析。按照时间维度分析日均温湿度、月均温湿度、年均温湿度、24 小时降雨量、月累计降雨量、年累计降雨量、日均风速、月均风速、年均风速等指标的变化情况。

（8）专家管理模块

为了整合科研、教学、推广、生产、服务、使用等各方面的社会资源，以农业专家和农业知识为核心，建设全面、专业、快捷、方便的集诊断功能与服务功能于一体的专家管理模块，为农业生产应用提供实时、动态和准确的作物病虫害诊断与处理信息系统。辅助用户根据作物根部、茎部、叶部和花果等特征，通过建立病虫害气象条件预警模型与病虫害分析模型，进行病害或虫害诊断，达到"早发现、早预防、早治理"的目的。用户可以将观察到的根部、茎部、叶部和花果发病特征上传至系统，系统将根据规则判断出可能发生的病害或虫害，用户可通过系统查看相应病虫害的防治措施，为基地主要农作物的生产、管理、病虫害诊断防治提供良好的技术服务。

新一代数字技术在农业领域中的融合应用，加速了农业全行业知识、技术和服务的积累、扩散、分享与创新，让整个农业价值链中的各方可以捕获、追踪和共享数据，推动了农业信息服务范式由细碎零散向规范系统转化，极大地提升了各环节效率，引领现代农业发展与转型。物联网、云计算、大数据、人工智能、区块链等新一代信息技术的迅猛发展，为农业信息化的发展奠定了强大基础，推动农业向智慧化转型升级。

本章小结

本章讨论了物联网的概念，物联网的逻辑架构，以及物联网应用的相关技术。物联网应用从技术层面讲主要涉及三个部分，即对外感知、感知信息传输（可能需要节点利用无线组网实现信息传输）、信息处理与回馈控制。智能技术贯穿于整个物联网之中，是核心技术的核心。

3-1 选择一个你熟悉的操作系统，通过它构建一个小型家居物联网系统。

3-2 在所学的专业领域内，选择一个自己熟悉的专题，设计一个能应用于这个专题的，可进行信息采集、检测、监控及实时数据的统计分析的物联网系统。

第 4 章　云计算技术

随着计算机技术的发展，一些采用集中式计算需要耗费很长时间才能完成的任务，采用分布式技术将其分解成许多更小的部分，再将分解后的各部分分配到多台计算机进行处理，就可以在较短的时间内完成，从而大大提高了计算效率。云计算是分布式计算技术的一种，也是分布式计算的商业实践。

4.1　云计算的基本概念

云计算是分布式处理、并行处理和网格计算的发展，或者说是这些计算机科学概念的商业实践。云计算是一种资源交付和使用模式，指通过网络获得应用所需的资源（硬件、软件、平台）。云计算将计算从客户终端集中到"云端"，通过分布式计算等技术由多台计算机共同完成计算，然后作为应用通过互联网提供给用户。用户只关心应用功能，而不关心应用的实现方式，应用的实现和维护由其提供商完成，用户只需根据自己的需要选择相应的应用。云计算不是一个工具、平台或者架构，而是一种计算的方式。云计算采用按使用量付费的模式，这种模式提供可用、便捷、按需的网络访问，用户进入可配置的计算资源共享池（资源包括网络、服务器、存储、应用软件、服务），这些资源能够被快速提供，用户只需投入很少的管理工作，或与服务供应商进行很少的交互。

云计算的可贵之处在于灵活性大、可扩展性和性价比高等，与传统的网络应用模式相比，其具有如下优势与特点：

（1）虚拟化技术

必须强调的是，虚拟化突破了时间、空间的界限，是云计算最为显著的特点。虚拟化技术包括应用虚拟和资源虚拟两种。众所周知，物理平台与应用部署的环境在空间上是没有任何联系的，数据备份、迁移和扩展等正是通过虚拟平台相应终端的操作完成的。

（2）动态可扩展

云计算具有高效的运算能力，在原有服务器的基础上增加云计算功能能够使计算速度迅速提高，最终动态扩展虚拟化的层次，达到对应用进行扩展的目的。

（3）按需部署

计算机包含许多应用、程序软件等，不同的应用对应的数据资源库不同，所以用户在运行不同的应用时需要通过较强的计算能力对资源进行部署，而云计算平台能够根据用户的需求快速配备计算能力及资源。

（4）灵活性大

目前市场上大多数 IT 资源（存储网络等）、软件、硬件（操作系统、开发软硬件）都支持虚拟化。虚拟化要素统一放在云系统虚拟资源池中进行管理，可见云计算的兼容性非常强，不仅可以兼容低配置机器、不同厂商的硬件产品，还能够通过增加外设实现更高性能的计算。

（5）可靠性高

即使服务器出现故障，也不影响计算与应用的正常运行。这是由于单点服务器出现故障时，可以通过虚拟化技术将分布在不同物理服务器上的应用进行恢复或利用动态扩展功能部署新的服务器进行计算。

（6）性价比高

将资源放在虚拟资源池中统一管理在一定程度上优化了物理资源，用户不再需要配备昂贵、存储空间大的主机，可以选择价格相对较低的 PC 机组成云，这不仅能减少费用，而且计算性能不逊于大型主机。

4.2　云计算的体系结构

云计算是全新的基于互联网的超级计算理念和模式，实现云计算需要多种技术结合，并且需要通过软件实现硬件资源的虚拟化管理和调度，形成巨大的虚拟资源池，把存储在个人计算机、移动设备和其他设备上的大量信息和处理器资源集中在一起协同工作。

云计算平台是一个强大的云网络，连接了大量并发的网络计算和服务。

在云计算平台中可利用虚拟化技术扩展每个服务器的能力。将每个服务器所具有的资源通过云计算平台结合起来，使得每个服务器能够提供超级计算和存储能力。一个通用的云计算体系如图 4-1 所示。

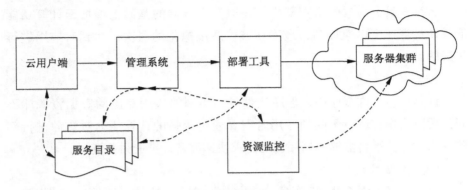

图 4-1　云计算的体系结构

（1）云用户端

云用户端提供云用户请求服务的交互界面，是用户使用云的入口。用户可以通过 Web 浏览器注册、登录及定制服务。

（2）服务目录

云用户在取得相应权限后可选择或定制服务列表，也可对已有服务进行退订操作。云用户端界面会生成相应的图标或列表展示相关服务。

（3）管理系统和部署工具

管理系统主要提供管理与服务。例如，对云用户的授权、认证、登录进行管理，并可以管理技术资源和服务；接收用户发送的请求，并根据用户请求转发到相应的程序。部署工具用于动态地部署、配置和回收资源以及应用资源。

（4）资源监控

资源监控即监控和计量云系统资源的使用情况，以便对用户的要求做出迅速反应。此外，须完成节点同步配置、负载均衡配置，确保资源分配给合适的用户。

（5）服务器集群

虚拟或物理的服务器由管理系统管理，服务器集群负责高并发量的用户请求处理、大运算量的计算处理，提供用户 Web 应用服务。云数据存储时采用相应数据切割算法，利用并行方式上传和下载大容量数据。

　　用户可通过云用户端从列表中选择所需的服务，收到用户的请求后，管理系统调度相应的资源，部署工具分发请求，配置 Web 应用。

　　实现计算机云计算需要创造一定的环境与条件，尤其是体系结构必须具备以下关键特征。第一，系统必须智能化，具有自治能力，在减少人工作业的前提下实现自动化处理平台智能响应，因此云系统应内嵌自动化技术；第二，面对变化信号或需求信号，云系统要有敏捷的反应能力，所以对云计算的架构有一定的敏捷度要求。

　　与此同时，随着服务级别和用户需求增长速度的快速变化，云计算技术同样面临巨大挑战，而内嵌集群化技术与虚拟化技术能够应对此类变化。

4.3　云计算的关键技术

　　云计算的核心理念就是按需服务，就像人使用水、电、天然气等资源一样。其关键技术涉及虚拟化技术、自动化部署、分布式海量数据存储、海量数据管理技术等。

4.3.1　虚拟化技术

　　虚拟化技术是物联网云系统的核心部分之一，它可将计算能力和数据存储能力进行充分整合并进行最优化的运用。虚拟化技术打破了服务器、数据库、应用设备、网络和存储设备之间的传统界限，使得硬件、数据、软件、存储和网络等融合在一起。虚拟化不仅可以使云中的用户自由访问抽象后的资源，而且为同一类资源提供通用的接口组合，隐藏了其属性和操作的差异，便于资源使用和维护。

　　我们有时会发现某些网吧机房里只有一台服务器有硬盘，而其他供用户使用的计算机并没有安装硬盘，用户在操作系统中看到的硬盘是虚拟化的，它实际只存在于服务器中。由此可见，虚拟化技术并不是一项新技术，IBM 公司早在 2011 年就开发了虚拟机 VMware 系列，只不过这些单一的虚拟化技术并不能应用于云平台。在云计算环境中，虚拟化技术涵盖的范围空前广阔，包括存储虚拟化、桌面虚拟化、CPU 虚拟化、计算机虚拟化、应用虚拟化、网络虚拟化和硬件虚拟化等多个方面，而每一种虚拟化又有各种子虚拟化分支。

　　在云计算平台下的整体虚拟化战略中，在无需任何硬件和资源的前提下，就可以利用虚拟化技术模拟不同的实验环境，用户可将自己的应用程序放入平台中运行。

总体来说，虚拟化技术在云计算平台中的最大作用就是整合硬件。利用虚拟化技术可以将大量分散的小型物理服务器整合到一个大型的、具有超强运算能力的服务器中。同理，利用虚拟化技术也可以整合存储系统，将多个存储小单元整合到一个存储资源池中，帮助平台简化存储基础架构，便于对数据和信息进行统一管理。当然，还可利用桌面虚拟化技术，降低企业应用程序的运营成本。另外，虚拟化监控系统可通过一个共用的接入点管理所有的物理资源和虚拟资源，减少服务器所需的监控和管理设备的数量。

自 2016 年之后，基于物联网云的虚拟化技术已经向服务转型。例如，谷歌已经通过虚拟化技术越过操作系统直接为用户提供各种服务。

4.3.2　自动化部署

云计算平台对集中的虚拟资源进行分析和区分，然后部署成可为用户直接提供各种应用和服务的资源，其间需要调用实体硬件化的服务器、用户所需的软件配置以及存储和网络设备。平台资源的自动化部署分为以下几个步骤：① 调用脚本，根据不同的厂商自动配置管理工具和应用软件。② 监测自动化程度，确保脚本的调用遵从事先设定好的计划，避免云计算平台和用户之间的大量交互。③ 保证整个部署过程全部基于工作流，而不再依赖于人工的操作。

除此之外，数据模型与工作流引擎是自动化部署管理工具的重要部分，不容小觑。一般情况下，对于数据模型的管理就是将具体的软硬件定义在数据模型中。而工作流引擎指的是触发、调用工作流，它善于将不同的脚本流程在较为集中与重复使用率高的工作流数据库当中应用，以减轻服务器的工作量。

4.3.3　分布式海量数据存储

云计算系统由大量服务器组成，同时为大量用户服务，因此云计算系统采用集群计算、数据冗余和分布式存储等技术保证数据的可靠性。冗余的存储方式通过任务分解和集群，用低配机器替代超级计算机，保证分布式数据的高可用性、高可靠性和经济性。云计算系统中广泛使用的数据存

储系统是谷歌的 GFS, 它使用的就是分布式存储方式, 可用于大规模的集群, 主要特点如下:

① 高可靠性: 云存储系统支持在多个节点间保存多个数据副本的功能, 以提高数据的可靠性。

② 高访问性: 根据数据的重要性和访问频率将数据分级为多副本存储、热点数据并行读写, 以提高访问速度。

③ 在线迁移、复制: 存储节点支持在线迁移、复制, 扩容不影响上层应用。

④ 自动负载均衡: 可以根据当前系统的负荷, 将原有节点上的数据迁移到新增的节点上。特有的分片存储以块为最小单位存储, 存储和查询数据时所有的存储节点并行计算。

⑤ 元数据和数据分离: 采用元数据和数据分离的存储方式设计分布式文件系统。

4.3.4　海量数据管理技术

云计算需要对分布的海量数据进行处理、分析。因此, 数据管理技术必需能够高效地管理大量的数据。由于云数据存储管理形式不同于传统的关系数据管理方式, 因此如何在规模巨大的分布式数据中找到特定的数据, 是云计算数据管理技术必须解决的问题。同时, 如何保证数据的安全性和数据访问的高效性也是需要关注的重点问题。

云计算系统中具有代表性的数据管理技术是 Hadoop 团队开发的开源数据管理模块 HBase。这个模块提供了云数据管理与关系数据库管理系统 (RDBMS) 及数据库查询语言 SQL 的接口。

4.4　云计算的实现形式

云计算是建立在先进的互联网技术基础之上的, 其实现形式众多, 主要形式有: 软件即服务 (SaaS)、平台即服务 (PaaS) 和基础设施即服务 (IaaS), 如图 4-2 所示。对普通用户来说, 主要面对的是 SaaS 服务模式, 而且几乎所有的云计算服务最终的呈现形式都是 SaaS。

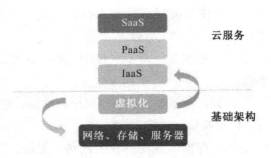

图 4-2　云计算的实现形式

4.4.1　软件即服务

SaaS 有两种模式，一是通过互联网提供软件的模式，用户无需购买软件；二是向提供商租用基于 Web 的软件，以此来管理企业经营活动。相对于传统的软件，SaaS 解决方案有明显的优势，包括较低的前期成本、便于维护、可快速展开使用、服务提供商维护和管理软件并提供软件运行所需的硬件设施。用户只需拥有接入互联网的终端，即可随时随地使用该软件。

4.4.2　平台即服务

PaaS 是指将软件研发的平台作为一种服务，以 SaaS 的模式提交给用户。因此，PaaS 也是 SaaS 模式的一种应用。

4.4.3　基础设施即服务

IaaS 使消费者通过互联网从完善的计算机基础设施中获得服务。基于互联网的服务（如存储和数据库）是 IaaS 的一部分。在 IaaS 模式下，服务提供商将多台服务器组成的"云端"服务（包括扩展内存容量、存储能力、计算能力等）作为计量服务提供给用户。用户只需提供低成本的硬件，按需租用相应的计算能力和存储能力即可。

4.5　云计算应用

云计算应用是直接面向用户解决实际问题的产品，云计算应用遍及各个方面。

4.5.1　云存储

云存储是在云计算的基础上延伸出来的新概念，是一种网上在线存储的模式。即把数据托管存放在第三方的多台虚拟服务器上，而非存放在专属的服务器上。托管公司运营大型的数据中心，客户通过向其购买或租赁存储空间满足自身数据存储的需求。运营商根据客户的需求，在后台准备存储虚拟化的资源，并将该资源以存储资源池的方式提供，客户便可自行使用此存储资源池存放文件或对象。云存储的作用是可以帮助客户存储资料，大容量文件还可以通过云存储的方式分享给其他人。

典型的云存储包括百度云、阿里云网盘等。当然，也有许多 IT 厂商有自己的云存储服务，以达到捆绑客户的目的，如华为的网盘等。

4.5.2　医疗云

医疗云是指在移动技术、多媒体、4G 通信、大数据及物联网等新技术的基础上，结合医疗技术，使用"云计算"来创建医疗健康服务云平台，实现医疗资源的共享和医疗范围的扩大。医疗云不但提高了医疗机构的效率，而且方便了居民就医。目前，医院的预约挂号、电子病历、电子医保等都是云计算与医疗领域结合的产物。医疗云还具有数据安全、信息共享、动态扩展、布局全国等特点。

4.5.3　金融云

金融云是指利用云计算的模型，将信息、金融和服务等功能分散到由众多分支机构构成的互联网云中，旨在提高银行、保险公司、证券公司等金融机构迅速发现并解决问题的能力，提升整体工作效率、降低运营成本，为客户提供更便捷的金融服务和金融信息服务。2013 年 11 月 27 日，阿里云整合阿里巴巴旗下资源并推出阿里金融云服务。其实，这就是现在普遍使用的快捷支付。金融与云计算结合后，只需要在手机上简单操作，就可以完成银行存款、购买保险和基金买卖。现在，不仅阿里巴巴推出了金融云服务，苏宁金融、腾讯等企业也推出了自己的金融云服务。

4.5.4　教育云

教育云，实质上是指教育信息化的一种发展形式。教育云可以将所需要的任何教育硬件资源虚拟化，然后将其传入互联网中，为学生、教师及教育机构提供一个方便快捷的互动平台。现在流行的慕课（MOOC）就是教育云的一种应用。慕课一般是指大规模开放的在线课程。现阶段，慕课的三大优秀平台为 Coursera、edX 和 Udacity，中国大学 MOOC 平台发展迅速。

2013 年 10 月 10 日，清华大学推出 MOOC 平台——学堂在线，许多大学现已使用 MOOC 平台在线开设了一些课程的慕课堂。

 **本章小结**

本章对云计算的基本概念，云计算的体系结构，以及云计算的关键技术进行了较详细的讨论，并对云计算应用的市场需求进行了分析。

云计算的分布式大规模服务器，解决了物联网服务器节点资源不足的问题。随着物联网的不断发展，感知层感知数据量不断地增长，在访问量不断增加的情况下，会造成物联网的服务器间歇性的崩塌。增加更多的服务器资金成本较大，且在数据信息较少的情况下，会使得服务器处于资源浪费的状态。云计算的弹性计算技术很好地解决了该问题。

思考题

4-1　为什么人们从追求单个更快的计算机转移到了追求使用更多的 CPU，以及更多的机器？

4-2　简述虚拟化与云计算的区别。

4-3　阐述基于云计算平台的企业云存储系统的设计与实现。

4-4　某大型互联网公司的生产系统用户规模不断增大，每天产生海量的生产数据，这些数据既包括文本、文档、图片、视频等非结构化的数据，又包括生产系统和业务系统的结构化数据。公司想要提高生产系统的安全性及资源利用率，统一存储、收集、管理、分析和挖掘这些海量数据，实现生产系统弹性扩展的能力。请为该公司设计一套解决方案。

第 5 章　大数据相关技术

目前，巨大的数据流量在全世界传播，各行各业都与大数据息息相关，大数据技术的战略意义不在于掌握庞大的数据信息，而在于对这些含有意义的数据进行专业化处理。换言之，如果把大数据比作一种产业，那么这种产业实现盈利的关键在于提高数据的"加工能力"，通过"加工"实现数据的"增值"。从技术上看，大数据与云计算密不可分。大数据必然无法用单台计算机进行处理，因此必须采用分布式架构。分布式架构的特色在于对海量数据进行分布式数据挖掘，但它必须依托云计算的分布式处理、分布式数据库和云存储、虚拟化技术。大数据和云计算的应用遍及交通领域、公安领域、教育领域及商业领域等。本章将重点讨论大数据的概念及相关的应用技术。

5.1　大数据的概念

大数据是指无法在一定时间范围内用常规软件工具进行捕捉、管理和处理的数据集合，需要引入新模式才能处理这些海量、高增长率和多样化的信息资产。要理解大数据这一概念，首先要从"大"字入手，"大"是指数据规模庞大。大数据一般是指在 10 TB（1 TB = 1024 GB）规模以上的数据量。大数据同过去的海量数据有所区别，其基本特征可以用 5 个"V"来总结（Volume，Variety，Value，Velocity 和 Veracity）。第一，数据体量巨大（Volume），从 TB 级别跃升到 PB 级别。第二，数据类型繁多（Variety），包括网络日志、视频、图片、地理位置信息等。第三，价值密度低（Value）。以视频为例，连续不间断地监控过程中，可能有用的图像画面数据仅仅只有一两秒。第四，处理速度快（Velocity）。这一点和传统的数据挖掘技术有着本质的不同。第五，真实性（Veracity）。大数据的内容是与真实世界息息相关的。物联网、云计算、移动互联网、车联网、手机、平板电脑、计算机以及遍布全球各个角落的各种各样的传感器，无一不是用来表示真实世界的数据来源或者数据承载的方式。

5.2　大数据结构

日常生活中大数据的来源大概可分为以下几类：

（1）交易数据

大数据平台能够获取时间跨度更大、更海量的结构化交易数据，这样就可以对更广泛的交易数据类型进行分析。这些数据不仅包括 POS 或电子商务购物数据，还包括行为交易数据，例如 Web 服务器记录的互联网点击流数据日志。

（2）人为数据

非结构数据广泛存在于电子邮件、文档、图片、音频、视频，以及通过博客、维基等社交媒体产生的数据中。这些数据为使用文本分析功能进行分析提供了丰富的数据源。

（3）移动数据

能够上网的智能手机越来越普遍，通过这些移动设备上的 App 可追踪出许多信息，如从 App 内的交易数据（通过搜索商品的销售记录）追踪出用户相关的个人信息资料等。

（4）机器和传感器数据

机器和传感器数据包括功能设备创建或生成的数据，例如智能电表、智能温度控制器、工厂机器和连接互联网的家用电器生成的数据。这些设备通过配置不仅可以与互联网络中的其他节点通信，还可以自动向中央服务器传输数据，这样就可以对数据进行分析了。机器和传感器数据大部分产生于物联网。来自物联网的数据可以用于构建分析模型，连续监测及预测行为（如当传感器示值有问题时进行识别），提供规定的指令（如警示技术人员在真正出问题之前检查设备）等。

这些数据源产生的大数据数字化后，以结构化、半结构化或非结构化数据的形式存储在数据库中，其中非结构化数据逐渐成为存储数据的主要形式。中国互联网数据中心（IDC）的调查报告显示：企业中 80% 的数据都是非结构化数据，这些数据每年增长 60%。

5.2.1　结构化数据

结构化数据，也称作行数据，是指可由二维表结构逻辑表达和实现的数据，严格遵循数据格式与长度规范，主要通过关系型数据库进行存储和管理。结构化数据标记能让网站以更好的姿态展示在搜索结果当中，所有搜索引擎都支持标准的结构化数据标记。结构化数据可以通过固有键值获取相应信息，且数据的格式固定。结构化数据最常见的就是具有模式的数据，大多数技术应用基于结构化数据。

5.2.2　半结构化数据

半结构化数据比较特殊，它的数据是有结构的，但却难以模式化，可能是因为描述不标准，也有可能是因为描述有伸缩性。以可扩展标记语言（XML）等表示的数据就有半结构化的特点。半结构化数据中，数据自身就描述了其相应结构模式。半结构化数据的结构模式具有以下特征：

① 数据结构自描述性。结构与数据相交融，在研究和应用中不需要区分"元数据"和"一般数据"（两者合二为一）。

② 数据结构描述的复杂性。数据结构难以纳入现有的各种描述框架，实际应用中不易对这类数据的结构进行清晰地理解与把握。

③ 数据结构描述的动态性。数据变化通常会导致结构模式的变化，这种数据整体上呈动态结构模式。常规的数据模型如 E-R 模型、关系模型和对象模型的数据结构描述不具备动态性，因此它们属于结构化数据模型。相对于结构化数据，半结构化数据的构成更为复杂和不确定，也具有更高的灵活性，能够适应更为广泛的应用需求。

其实，用半模式化的视角看待半结构化数据是非常合理的。没有模式的限定，数据可以自由地流入系统，还可以自由地更新，这便于更客观地描述事物。当使用者想获取数据时，再构建需要的模式检索数据。不同的使用者会构建不同的模式，数据将最大化地被利用，这是最自然的数据使用方式。

5.2.3　非结构化数据

非结构化数据是与结构化数据相对的，不适于用数据库二维表结构逻辑表达的数据，包括所有格式的办公文档、各类报表、图片和音频、视频信息等。支持非结构化数据的数据库采用字段、多值字段和变长字段机制进行数据项的创建和管理，广泛应用于全文检索和各种多媒体信息处理领域。

非结构化数据不可以通过键值获取相应信息。非结构化数据在互联网上的信息内容形式中占据了很大比例。随着"互联网+"战略的实施，将会有越来越多的非结构化数据产生。据预测，非结构化数据将占所有数据的70%~80%。结构化数据的分析挖掘技术经过多年的发展，已经形成了相对成熟的技术体系。但非结构化数据没有限定的结构形式，表示方式灵活，蕴含了丰富的信息。综合看来，在大数据分析挖掘中，掌握非结构化数据处理技术是至关重要的。非结构化数据处理技术具体包括：

① Web 页面的信息内容提取。

② 结构化处理（含文本的词汇切分、词性分析、歧义处理等）。

③ 语义处理（含实体提取、词汇相关度分析、句子相关度分析、篇章相关度分析、句法分析等）。

④ 文本建模（含向量空间模型、主题模型等）。

⑤ 隐私保护（含社交网络的连接型数据处理、位置轨迹型数据处理等）。

这些技术所涉及的范围较广，在情感分类、客户语音挖掘、法律文书分析等许多领域都有广泛的应用。

5.3 大数据处理

通常，一个大数据产品需要提供如下最基本的大数据处理功能：大数据采集与预处理、大数据存储与管理、大数据计算等。

5.3.1 大数据采集与预处理

在数据采集过程中，数据源会影响大数据的真实性、完整性、一致性、准确性和安全性。在大数据的生命周期中，数据采集处于第一个环节。根据大数据并行处理系统 MapReduce 产生数据的应用系统分类，大数据有多种来源如管理信息系统、Web 信息系统、物理信息系统、传感器信息系统、科学实验系统，等等。Web 数据多采用网络爬虫方式进行采集，采集时需要对爬虫软件进行时间设置以保障采集到的数据的时效性。比如可以利用八爪鱼爬虫软件的增值 API 设置，灵活控制采集数据任务的启动和停止。

大数据采集过程中通常有一个或多个数据源，这些数据源包括同构或异构的数据库、文件系统、服务接口等，而这些数据易受到噪声数据、数据值缺失、数据冲突等的影响，因此需先对收集到的大数据集合进行预处理，以保证大数据分析与预测结果的准确性与价值性。

大数据的预处理环节主要包括数据清理、数据集成、数据归约与数据转换等内容，通过预处理可以大大提高大数据的总体质量。

数据清洗包括数据的不一致检测、噪声数据的识别、数据过滤与修正等，有利于提高大数据的一致性、准确性、真实性和可用性。

数据集成则是将多个数据源的数据进行集成，从而形成集中、统一的数据库、数据立方体等，这一过程有利于提高大数据的完整性、一致性、安全性和可用性。

数据归约是在不影响分析结果准确性的前提下减小数据集规模，使之简化，包括维归约、数据归约、数据抽样等技术。这一过程有利于提高大数据的价值密度，即提高大数据存储的价值性。

数据转换处理包括基于规则或元数据的转换、基于模型与学习的转换等技术，通过转换实现数据统一，这一过程有利于提高大数据的一致性和可用性。

目前，关于管理信息系统中的异构数据库集成技术、Web 信息系统中的实体识别技术和 DeepWeb 集成技术、传感器网络数据融合技术的研究有许多，并取得了较大的进展。一些公司推出了多种数据清洗和质量控制工具。例如，美国 SAS 公司的 Data Flux、美国 IBM 公司的 Data Stage、美国 Informatica 公司的 Informatica Power Center 等。

5.3.2　大数据存储与管理

传统的数据存储和管理以结构化数据为主，关系数据库管理系统（RDBMS）即可满足各类应用需求。大数据往往是以半结构化和非结构化数据为主，结构化数据为辅，而且各种大数据应用通常需对不同类型的数据进行内容检索、交叉比对、深度挖掘与综合分析。面对这类应用需求，传统数据库无论在技术上还是功能上都难以为继。因此，出现了 OldSQL、NoSQL 与 NewSQL 并存的局面。总体上，按数据类型的不同，大数据的存储和管理采用的技术路线大致可以分为三类：

第一类主要面对的是大规模结构化数据。针对这类大数据，通常采用新型数据库集群。通过列存储或行列混合存储以及粗粒度索引等技术，结合 MPP（Massive Parallel Processing）架构高效的分布式计算模式，实现对 PB 量级数据的存储和管理。这类集群具有高性能和高扩展性的特点，在企业分析类应用领域已获得广泛应用。

第二类主要面对的是半结构化数据和非结构化数据。基于 Hadoop 开源体系的系统平台，更擅长应对这类数据的应用场景。通过对 Hadoop 生态体系的技术扩展和封装，可实现对半结构化和非结构化数据的存储和管理。

第三类面对的是结构化和非结构化混合的大数据。因此采用 MPP 并行数据库集群与 Hadoop 集群的混合，实现对 EB 、PB 量级数据的存储和管理。一方面，用 MPP 管理计算高质量的结构化数据，提供强大的 SQL 和 OLTP 型服务。另一方面，用 Hadoop 实现对半结构化和非结构化数据的处理，以支持诸如内容检索、深度挖掘与综合分析等新型应用。这类混合模式将是未来大数据存储和管理发展的趋势。

5.3.3　大数据计算模式与系统

MapReduce 计算模式的出现有力地推动了大数据技术及应用的发展，使其成为目前大数据处理最为成功、最广为使用的主流计算模式。然而，现实世界中的大数据处理面临的问题复杂多样，单一计算模式很难满足所有不同的大数据计算需求。研究和实际应用中发现，MapReduce 主要适合于进行大数据线下批处理，在面向低延迟以及具有复杂数据关系和计算特征的大数据问题时表现出明显的不适应性。因此，近几年来学术界和企业界通过不断研究推出多种不同的大数据计算模式。

所谓大数据计算模式，即根据大数据的不同数据特征和计算特征，从多样性的大数据计算问题和需求中提炼并建立的各种高层抽象或模型。例如，MapReduce 中的并行计算抽象，加州大学伯克利分校著名的 Spark 系统中的"分布内存抽象"，以及 CMU 公司著名的图计算系统 GraphLab 中的"图并行抽象"等。传统的并行计算方法，主要从体系结构和编程语言的层面定义了一些较为底层的并行计算抽象和模型，但由于大数据处理的问题具有很多高维的数据特征和计算特征，因此大数据处理需要更多地结合这些高维特征，考虑更为高层的计算模式。

由于大数据需要处理不同维度的特征，目前出现了多种典型和重要的大数据计算模式。与这些计算模式相适应，出现了很多对应的大数据计算系统和工具（表 5-1）。

表 5-1　大数据计算模式及其对应的典型系统和工具

大数据计算模式	典型系统和工具
大数据查询分析计算	HBase，Hive 等
批处理计算	MapReduce，Spark 等
流式处理	Scribe，Storm 等
图计算	Pregel，Giraph 等

5.3.4　大数据分析与分析工具

在大数据时代，人们迫切希望在由普通机器组成的大规模集群上实现高性能的以机器学习算法为核心的数据分析，为实际业务提供服务和指导，进而实现数据的最终变现。与传统的在线联机分析处理（OLAP）不同，对大数据的深度分析主要基于大规模的机器学习技术。一般而言，机器学习模型的训练过程由定义于大规模训练数据基础上的最优目标函数通过循环迭代的算法实现。因而与传统的 OLAP 相比较，基于机器学习技术的大数据分析，具有如下几个特性：

● 迭代性：由于优化问题通常没有闭式解，因而模型参数的确定并非一次计算就能够完成，需要循环迭代多次，逐步逼近最优值。

● 容错性：机器学习的算法设计和模型评价容忍非最优值点的存在，同时多次迭代的特性也允许在循环的过程中产生一些错误，并且模型的最终收敛不受影响。

● 参数收敛的非均匀性：模型中的一些参数经过少数迭代后便不再改变，而有些参数则需要经过多次迭代才能达到收敛。

这些特性决定了理想的大数据分析系统的设计和其他计算系统的设计有很大不同，若直接将传统的分布式计算系统应用于大数据分析，则很多资源都会浪费在通信、等待、协调等非有效的计算上。

在大数据分析的应用过程中，可视化通过交互式视觉表现的方式帮助人们探索和理解复杂的数据。可视化与可视化分析能够迅速和有效地简化与提炼数据流，帮助用户交互筛选大量的数据，有助于用户更快更好地从复杂数据中得到新的发现，是用户了解复杂数据、开展深入分析不可或缺的手段。大规模数据的可视化主要是基于并行算法设计的技术，合理利用有限的计算资源，高效地处理和分析特定数据集。通常情况下，大规模数据的可视化技术会结合多分辨率表示等方法，以获得足够的互动性能。在大规模数据的并行可视化工作中，主要涉及数据流线化、任务并行化、管道并行化和数据并行化四种基本技术。微软公司在其云计算平台 Azure 上开发了大规模机器学习可视化平台（Azure Machine Learning），将大数据分析任务形式上转化为有向无环图，并以数据流图的方式向用户展示，取得了较好的效果。

在维克托·迈尔-舍恩伯格与肯尼思·库克耶所著的《大数据时代》一书中，大数据分析是指不走随机分析法（抽样调查）这样的捷径，而是对所有数据进行分析处理，因此不用考虑数据的分布状态（抽样调查需要考虑样本分布是否有偏，是否与总体一致）和假设检验，这也是大数据分析与一般数据分析的区别。下面对市面上常见的与大数据分析相关的工具作简要介绍。

（1）大数据分析前端的开源工具 JasperSoft

JasperSoft 包是一个通过数据库列生成报表的开源软件。许多企业已经使用它将 SQL 表转化为 PDF，这使每个人都可以在会议上对报表进行审议。另外，JasperReports 提供了连接配置单元替代 HBase。

（2）Hadoop 平台

Hadoop 是一个能够对大量数据进行分布式处理的软件框架，也是一个能够让用户轻松架构和使用的分布式计算平台。用户可以轻松地在 Hadoop 上开发和运行处理海量数据的应用程序。Hadoop 主要有以下优点：

● 高可靠性。因为 Hadoop 假设计算元素和存储会出现失败的情况，所以它维护多个工作数据副本，确保能够针对失败的节点重新进行分布处理。

● 高扩展性。Hadoop 在可用的计算机集簇间分配数据并完成计算任务，这些集簇可以方便地扩展到数以千计的节点中。

● 高效性。Hadoop 以并行的方式工作，其能够在节点之间动态地移动数据，并保证各个节点的动态平衡，因此处理速度非常快。

Hadoop 带有用 Java 语言编写的框架，因此其在 Linux 平台上运行是非常理想的。Hadoop 上的应用程序也可以使用其他语言编写，比如 C++。

（3）大数据商用分析工具、敏捷商业智能软件 Style Intelligence

要想在商业智能过程中成功运用敏捷方法，必须在以下四个方面做出改变：业务模型开发和设计、数据分析、实施团队和基础架构。同时，商业智能过程的领导者和实施者还需要抛弃传统商业智能理论的狭隘思想，学习以敏捷的方式规划和运作。

Style Intelligence 通过多层次的业务数据模型将物理数据结构与逻辑业务结构分开，更好地适应了业务数据模型的灵活性。

数据分析能力是商业智能软件的核心功能，但传统的商业智能软件通常很难满足业务部门不断变化的分析需求，Style Intelligence 采用可视化交互式的分析前端，以及最终用户可以自定义数据块的机制，允许终端业务人员通过交互性很强的界面，完成即时信息的分析，大大简化了商业智能分析的实施过程。

（4）大数据综合分析平台 Teradata Aster

大数据综合分析平台 Teradata Aster 通过将数据仓库的优势与 MapReduce 引擎相结合，为用户提供交互分析功能，快速挖掘、处理潜藏于数据中的商业价值。借助于 70 多项预建的分析功能包，Teradata Aster 可以执行网络点击分析、社交网络分析、客户群细分和个性化、客户流失分析、传感器数据分析和情感分析等，从数据中快速获得有价值的信息。

Teradata 融合了客户的需求和建议，开发了 Teradata 统一数据架构（UDA）。该架构技术整合了 Teradata 企业数据仓库、Aster 大数据综合分析平台和开源 Hadoop，通过这种组合尽可能地发挥每种技术的优势。借助于 SQL-H 等连接器，UDA 能够使业务分析人员使用熟悉的 SQL 语言，直接访问存储在 Hadoop 中的数据。同时，UDA 还能将分析结果直接注入业务流程中。

（5）RapidMiner

RapidMiner 是世界领先的数据挖掘解决方案。数据挖掘任务涉及范围广泛，包括挖掘各种数据艺术。RapidMiner 能简化数据挖掘过程的设计和评价，其功能和特点如下：

① 免费提供数据挖掘技术和库；

② 100%用 Java 代码（可运行在操作系统之上）；

③ 数据挖掘过程简单、强大、直观；

④ 内部 XML 保证了以标准化的格式表示数据挖掘交换过程；

⑤ 可以用简单脚本语言自动执行大规模进程；

⑥ 多层次的数据视图，确保数据的有效和透明；

⑦ 具有图形用户界面的互动原型；

⑧ 命令行（批处理模式）自动大规模应用；

⑨ 提供 Java API 应用编程接口；

⑩ 具有简单的插件和推广机制；

⑪ 具有强大的可视化引擎，以及许多尖端的高维数据的可视化建模；

⑫ 有 400 多个数据挖掘运营商支持。

耶鲁大学已成功地将 RapidMiner 应用在许多不同的领域，如文本挖掘、多媒体挖掘、功能设计、数据流挖掘、集成开发方法和分布式数据挖掘等。

（6）Pentaho BI 平台

Pentaho BI 平台不同于传统的商业智能产品，它是以流程为中心的面向解决方案的框架。其目的在于将一系列企业级商业智能产品、开源软件、API 等组件集成，方便商务智能应用的开发。它的出现使得一系列面向商务智能的独立产品（如 Jfree、Quartz 等）能够集成在一起，构成一系列复杂的、完整的商务智能解决方案。

Pentaho BI 平台提供的 Pentaho Open BI 套件的核心架构和基础是以流程为中心的，其中枢控制器是工作流引擎。工作流引擎使用流程定义，在商业智能平台上执行商业智能流程。BI 平台包含组件和报表，用以分析流程的性能。目前，Pentaho BI 平台主要由报表生成、分析、数据挖掘和工作流管理等功能组件组成。这些功能组件通过 J2EE、WebService、SOAP、HTTP、Java、JavaScript、Portals 等技术集成到 Pentaho 系统上。

Pentaho 系统主要以 Pentaho SDK 形式发行。Pentaho SDK 共包含五个部分：Pentaho 平台、Pentaho 示例数据库、Pentaho 解决方案示例和一个预先配制好的 Pentaho 网络服务器。其中，Pentaho 平台是基础。

Pentaho 数据库为 Pentaho 平台的正常运行提供数据服务，包括配置信息、处理相关的信息，等等。对于 Pentaho 平台来说，Pentaho 数据库不是必需的，通过配置也可以用其他数据库取代。

从事大数据分析的工作人员通常使用的工具软件如下：

① 统计分析方面：大数定律、抽样推测规律、秩和检验、回归分析、方差分析等。

② 可视化辅助工具方面：Excel、PPT、XMind、Visio。

③ 大数据处理框架方面：Hadoop、Kafka、Storm、ELK（Elasticsearch，Logstash，Kibana）、Spark。

④ 数据库方面：SQLite、MySQL、MongoDB、Redis、Cassandra、HBase。

⑤ 数据仓库、商业智能方面：SSIS 数据仓库、SSAS MDX 多维数据集、Ssrs、DW2.0。

⑥ 数据挖掘工具方面：Matlab、SAS、SPSS、R 语言、Python。

⑦ 编程语言：Python、R 语言、Ruby、Java 等。

5.4　大数据管理系统

从前述分析可以看出，大数据管理、分析、处理和应用等诸多领域都面临着巨大挑战。数据管理技术和系统是大数据应用系统的基础。为了应对大数据应用的迫切需求，人们研究和发展了以 KeyValue 非关系数据模型和 MapReduce 并行编程模型为代表的众多新技术和新系统。本节简要介绍大数据管理和分析处理领域涌现的若干前沿技术和代表性系统。

5.4.1　NoSQL 数据库管理系统

NoSQL 是以互联网大数据应用为背景发展起来的分布式数据库管理系统。NoSQL 有两种解释：一种是 Non-Relational，即非关系数据库；另一种是 Not Only SQL，即数据管理技术不仅仅是 SQL。目前第二种解释更为流行。

NoSQL 支持的数据模型通常分为 Key-Value 模型、BigTable 模型、文档模型和图模型 4 种类型。

① Key-Value 模型。该模型记为 KV（Key，Value），是非常简单且容易使用的数据模型。每个 Key 值对应一个 Value，Value 可以是任意类型的数据值。该模型支持按照 Key 值存储和提取 Value 值。Value 值是无结构的二进制码或纯字符串，通常需要在应用层解析相应的结构。

② BigTable 模型。该模型支持结构化的数据，包括列、列簇、时间戳以及版本控制等元数据的存储。该数据模型的特点是列簇式，即按列存储，每一行数据的各项被存储在不同的列中，这些列的集合称作列簇。每一列的每一个数据项都包含一个时间戳属性，以便保存同一个数据项的多个版本。

③ 文档模型。该模型在存储方面有以下改进：Value 值支持复杂的结构定义；通常 Value 值是被转换成 JSON 或者类似于 JSON 格式的结构化文档；支持数据库索引的定义，其索引主要是按照字段名组织。

④ 图模型。该模型记为 G（V，E），V 为节点集合，每个节点具有若干属性；E 为边集合，也可以具有若干属性。该模型支持图结构的各种基本算法，可以直观地表达和展示数据之间的联系。

NoSQL 为了提高存储能力和并发读写能力，采用了极其简单的数据模型，支持简单的查询操作，将复杂的操作留给应用层实现。该系统对数据进行划分，对各个数据分区进行备份，以应对节点可能出现的存储错误，提高系统可用性。通过大量节点的并行处理，获得高性能。

5.4.2　NewSQL 数据库管理系统

NewSQL 是融合了 NoSQL 和传统数据库事务管理功能的新型数据库管理系统。SQL 关系数据库管理系统长期以来一直是企业业务系统的核心和基础，但是其扩展性差、成本高，难以应对海量数据的挑战。NoSQL 数据管理系统以其高灵活性和良好的扩展性在大数据时代迅速崛起。但是，NoSQL 不支持 SQL，特别是不支持关键应用所需要的事务的 ACID 特性导致应用程序开发困难。NewSQL 将 SQL 和 NoSQL 的优势相结合，充分利用计算机硬件的新技术、新结构，研究与开发了若干创新的实现技术。例如，关系数据库管理系统在分布式环境下为实现事务一致性使用了两阶段提交协议，这种技术在保证事务强一致性的同时，会造成系统性能和可靠性的降低。因此，人们提出了串行执行事务，避免加锁开销和全内存日志处理等技术问题，改进体系架构，结合计算机多核、多 CPU、大内存的特点，融合关系和内存数据库管理系统的优势，充分利用固态硬盘技术，显著提高了对海量数据的事务处理性能和事务处理吞吐量。

5.4.3　MapReduce 技术

MapReduce 技术是 Google 公司于 2004 年提出的大规模并行计算解决方案，主要应用于大规模廉价集群上的大数据并行处理。MapReduce 以 key-value 的分布式存储系统为基础，通过元数据集中存储、数据以 chunk 为单位分布存储和数据冗余复制保证其高可用性。

MapReduce 是一种并行编程模型。它把计算过程分解为两个阶段，即

Map 阶段和 Reduce 阶段。MapReduce 的并行计算过程如图 5-1 所示。首先，对输入的数据源进行分块，数据源分块后进入 Map 阶段，Map 阶段执行 Map 函数，根据某种规则对数据进行分类，并将结果写入本地硬盘。然后进入 Reduce 阶段，在该阶段由 Reduce 函数将 Map 阶段具有相同 key 值的中间结果收集到相同的 Reduce 节点进行合并处理，并将结果写入本地硬盘。其中，Map 函数和 Reduce 函数是用户根据应用的具体需求而编写的。

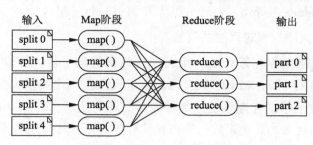

图 5-1　MapReduce 的并行计算过程

MapReduce 是一种简单易用的软件框架。基于该框架可以开发运行在成千上万个节点上，以容错的方式并行处理海量数据的算法和软件。通常，计算节点和存储节点是同一个节点，即 MapReduce 框架和 Hadoop 分布式文件系统（Hadoop Distributed File System，HDFS）运行于相同的节点集。

MapReduce 设计的初衷是解决大数据在大规模并行计算集群上的高可扩展性和高可用性问题，其处理模式以离线式批量处理为主。MapReduce 最早应用于非结构化数据处理领域，如 Google 中的文档抓取、创建倒排索引、计算 page rank 等操作。由于其简单而强大的数据处理接口和对大规模并行执行、容错及负载均衡等实现细节的隐藏，该技术一经推出便迅速在机器学习、数据挖掘、数据分析等领域得到应用。随着应用的深入，人们发现 MapReduce 存在如下不足：

① 基于 MapReduce 的应用软件较少，许多数据分析功能需要用户自行开发，从而导致使用成本增加。

② 原来由数据库管理系统完成的工作，如文件存储格式的设计、模式信息的记录、数据处理算法的实现等都转移给了程序员，导致程序员负担过重，程序与数据缺乏独立性。

③ 在同等硬件条件下，MapReduce 的性能远低于并行数据库。分析发

现，MapReduce 采取基于扫描的处理模式和对中间结果步步物化的执行策略，从而导致较高的 I/O 代价。

④ 在数据分析领域，连接是关键操作（如传统的星形查询和雪片查询均依赖于连接处理查询），但 MapReduce 处理连接的性能不尽如人意。

因此，近年来大量研究人员着手将并行数据库和 MapReduce 结合起来，设计兼具两者优点的大数据分析平台。这种架构又可以分为并行数据库主导型、MapReduce 主导型、并行数据库和 MapReduce 集成型。

5.4.4 大数据管理系统的新格局

传统的关系数据库系统是一个通用的数据管理平台，可以支持结构化数据以及所有的 OLTP 和 OLAP 应用。由于大数据应用的多样性和差异性，作为应用支撑的数据管理系统，难以为其实现通用平台。以 NoSQL 系统和 MapReduce 为代表的非关系数据管理和分析技术异军突起，以其良好的扩展性、容错性和大规模并行处理的优势，从互联网信息搜索领域开始，进而进入数据存储和数据分析的诸多领域和关系数据管理技术展开了竞争。

关系数据管理技术针对自身的局限性，不断借鉴 MapReduce 的优秀思想加以改造和创新，提高管理海量数据的能力。而以 MapReduce 为代表的非关系数据管理技术阵营，从关系数据管理系统所积累的宝贵经验中，挖掘可以借鉴的技术和方法，不断解决自身存在的性能问题、易用性问题，并提高事务管理能力。

以上所提及的关系系统和非关系系统只是基于观察问题的角度不同进行的分类，实际上大数据应用既有关系型应用，又有非关系型应用。因此，关系系统和非关系系统两者共存，相互借鉴融合，形成大数据管理和处理的新平台，是大数据应用的需要，也是未来技术发展的趋势。

5.5 大数据应用领域需求分析

现今，大数据已成为驱动经济发展的新引擎，大数据应用范围的扩大和应用水平的提高将加速我国经济结构调整、深刻改变我们的生产生活方式。可以预见在今后几年内：大数据基础设施建设将持续推进；大数据开放共享进度加快；政府大数据应用不断深入；大数据相关立法进度加快；大数据与传统产业深度融合。

下面举例介绍行业发展对大数据应用的需求。

5.5.1　金融行业大数据需求分析

近年来，金融行业对大数据应用的需求除传统的风险管理、运营管理及业务创新板块外，又出现新的需求。

① 高频的金融交易使得上海和深圳两市在每天四小时的交易时间内，产生至少三亿条逐笔成交数据，这些数据可为投资机构和其他带有投资性质的企事业单位判断市场热点及为增强投资人信心提供科学的支持。

② 网上销售公司拥有大量的用户信息数据和详细的信用记录，交易平台存有企业交易数据，可运用大数据技术自动分析这些信息评估企业的偿债能力，从而判断是否给予企业贷款。

③ 利用大数据技术对客户信息进行处理，可最大限度地了解客户倾向，分析客户需求，为其提供针对性的服务，更好地留住客户。

④ 银行等通过构建客户流失预警模型，可对流失率排名前 20% 的客户发售高收益理财产品进行挽留，从而降低重要客户流失率。

5.5.2　互联网媒体大数据需求分析

互联网媒体又称网络媒体，是以互联网为传输平台，以计算机、移动电话、便携设备等为终端，以文字、声音、图像等形式传播新闻信息的一种数字化、多媒体的传播媒介。高速发展的互联网媒体在给人们获取信息带来便利的同时，也带来了新的挑战，其中之一便是"信息过载"问题。有重要事件发生后，各种互联网媒体会有大量相关报道。例如，2014 年"马航失联"事件发生后 2 个月内，百度中被索引的相关新闻就有 500 多万条，Google 中有 5500 多万条，新浪微博中有 1580 万条，并由此产生了大量的转发和评论，使得信息量不断地增加。如此大量的数据和信息往往超出了个人所能处理的范围。首先，用户很难快速查找和浏览到有用信息；其次，大量的信息是冗余和包含噪声的；最后，用户很难对海量的文本信息进行汇总和理解。因此，如何处理和分析互联网媒体大数据，帮助人们在海量数据中获取及分析真实有价值的信息，从而正确感知现在、迅速预测未来，做好应急事件的预案和防范，是亟待解决的问题。

互联网舆情分析系统可以实时监控、收集互联网媒体数据，并对数据进行深入的挖掘和分析。其主要功能包括动态数据抓取、历史数据保留、数据深度智能分析、数据可视化展示、敏感信息实时捕捉、预定阈值报警等。该系统可以有效地帮助个人用户、企业以及政府机构对互联网媒体中他们所关注的新闻话题进行感知、获取、跟踪、预警和深入分析，具有极大的应用价值。

5.5.3　销售行业大数据需求分析

销售行业大数据需求分析如下：

① 网络管理和优化需求，包括基础设施建设优化和网络运营管理优化。

② 市场与精准营销需求，包括客户画像、关系链研究、精准营销、实时营销和个性化推荐。

③ 客户关系管理需求，包括客服中心优化和客户生命周期管理。

④ 企业运营管理需求，包括业务运营监控和经营分析。

⑤ 数据商业化需求，包括数据对外商业化，实现单独盈利。

上述需求为销售行业大数据市场未来的发展提供了广阔的空间。

5.5.4　交通行业大数据需求分析

交通行业大数据需求分析如下：

① 针对交通规划、综合交通决策、跨部门协同管理、个性化的公众信息服务等需求，建设全方位的交通大数据服务平台。

② 整合多源交通大数据，逐步建设交通大数据库，提供道路交通状况判别及预测服务，辅助交通决策管理服务，支撑智慧出行服务，加快交通大数据服务创新。

③ 针对航班正常、安全、有效运行的需求，建设航空流量管理及机场协同决策平台。

④ 针对智能化航运业务的需求，建设航运大数据平台。汇聚整合全球港口、货物、船舶等的相关数据，融合多源物联网、北斗卫星导航系统中的数据，实现航运数据共享服务，建立基于大数据的现代航运物流服务体系。

5.5.5　政府大数据需求分析

在信息化时代，政府机构职能的有效发挥依赖高效、实时的信息系统，尤其是大数据系统的支持。

目前，我国政府大数据产业链在逐步完善之中，国内各地方政府各种类型的大数据库也正在建设当中。建设难点不在技术而在业务,主要涉及数据的开放和共享,如工商、税务、质监、交通等各部门间如何实现数据开放和共享。在此基础上,大数据在细分行业和垂直领域的应用或将成为驱动市场持续发展的主要动力。政府大数据的应用也将快速增长。

5.5.6　教育行业大数据需求分析

教育部正大力推进宽带网络校校通、优质资源班班通、网络学习空间人人通,积极建设教育资源公共服务平台、教育管理公共服务平台,力争实现四个新突破,即教育信息化基础设施建设新突破、优质数字教育资源共建共享新突破、信息技术与教育教学深度融合新突破、教育信息化科学发展机制新突破。

5.5.7　能源行业大数据需求分析

能源行业大数据需求分析如下:

① 针对能源规划(能源结构调整和转型)、综合能源决策(各能源产业协调发展)、跨部门协同管理、个性化的公众信息服务等需求,建设全方位的能源大数据服务平台。

② 整合广泛的能源大数据,逐步建设能源大数据库,提供能源状况判别及预测服务,辅助能源决策服务,支持智慧能源服务,加快能源大数据服务体系创新。

③ 针对我国能源产业能够安全、有效运行的需求,建设能源管理协同决策平台。整合资源储量数据、开发数据、加工数据、消费数据,提供需求预测、能源预警等功能,实现能源开发和消费协同决策,为能源开发、消费和规划相关参与方提供一站式数据服务。

5.6　大数据的应用

当前大数据的应用丰富多彩,本节介绍几大领域的应用案例,说明大数据应用的特点。

5.6.1　电力行业大数据应用

智能电网在欧洲已经实现了电网终端智能,也就是所谓的智能电表。在德国,为了鼓励利用太阳能,政府会在家家户户安装太阳能电池板,智能电表系统会自动买回太阳能电池板产生的多余的电量。此外，智能电网每隔五分钟或十分钟收集一次用户的用电数据。这些数据可以用来分扩用户的用电习惯等，从而推断出未来 2~3 个月内整个电网的用电情况。

5.6.2　交通行业大数据应用

（1）以色列利用大数据降低道路拥堵程度

以色列在特拉维夫和本·古里安国际机场之间的 13 号公路上铺设了一条 1 英里的快车道，这条车道的收费系统是基于车辆的通过时间来计费的。该收费系统采用非常高阶的实时识别模式系统，通过统计此快车道上的车辆数目或者计算两车之间的平均距离评估道路的拥堵程度，在车道容量允许的前提下，智能地选择该道路系统是否增加"吞吐量"。收费方式也进行了智能化调整，道路车流密度越高，收费就越高，道路车流密度越低，收费就越低。智能收费系统通过这样的一种管理方式，在一定程度上降低了道路的拥堵程度。

（2）巴西应用大数据优化航空路线

为了解决空中交通拥堵的问题，巴西引进了一种系统，即利用 GPS 收集的数据优化现有航空路线，从而缩短飞机航线。其工作原理是改变飞机在空中排队等候降落的一般性方法，为每一架飞机设计唯一的路线。听起来似乎很简单，但是系统工作需要收集大量的数据，并对数据进行快速有效的分析，包括对飞机之间的距离、行驶时间、飞机行驶性能等进行综合评估，以保证飞机能够以最短的路线行驶。最早部署这一系统的巴西利亚国际机场的飞机，每一次降落都能节省 7.5 分钟和 77 加仑（约 346.5 L）的燃料，相当于减少了 22 海里的飞行距离。巴西计划将该系统部署到巴西最繁忙的十个机场，初步估计这样的举措将为巴西带来 16% 到 59% 的客流量增长。当然，还需要考虑机场硬件设施等各类条件。

（3）欧洲铁路公司应用大数据提高交通客流量

欧洲铁路基础设施供应商通常要求运营商提供详细的火车行驶路线，然后供应商会开发一个尽可能满足每一条路线行驶要求的时间表系统。但这种系统通常难以保证列车性能和客流量的最佳配置。在德国，绝大多数的货运列车不会如期出发，这一情况不可避免地会导致轨道堵塞现象的出现。近年来，欧洲一些铁路公司开始利用大数据"工业化"的方法对铁路交通进行优化。基于对过去铁路客流量及列车性能的需求分析，铁路公司将铁路轨道分裂成适应不同速度的插槽，这些插槽能够满足不同性能的列车行驶速度和不同客流量的需要。而实现这些优化需要先进的规划技术，例如针对列车的延迟出发可以考虑为其变换适应较高速度的铁路轨道插槽，从而解决列车出发晚问题。通过这种创新，不仅提高了列车行驶的准确性和可靠性，还使交通客流量提升了 10%。

5.6.3　Google 大数据智能服务

Google 提供的大数据智能应用包括客户情绪分析、交易风险分析、产品推荐、客户流失预测、法律文案分类、电子邮件内容过滤、政治倾向预测、物种鉴定等多个方面。有报道称，大数据智能应用每天给 Google 带来 2300 万美元的收入。Google 提供的大数据典型应用如下：

① 基于 MapReduce，Google 推出的传统应用包括数据存储、数据分析、日志分析、搜索质量及其他数据分析应用。

② 基于 Dremel 系统，Google 推出其强大的数据分析软件和服务——BigQuery，这也是 Google 使用的互联网检索服务的一部分。Google 已经开始销售在线数据分析服务，试图与市场上类似亚马逊网络服务（Amazon Web Services）这样的企业云计算服务竞争。这类服务，能帮助企业用户在数秒内完成万亿字节的扫描。

③ 基于搜索统计算法，Google 推出搜索引擎的输入纠错、统计型机器翻译等服务。

④ Google 的趋势图应用。通过应用趋势图，用户可以了解某一搜索词在一定时间范围内的受欢迎程度和搜索趋势。趋势图对广告主来说，它的商业价值就是帮助广告主快速了解消费者在关心什么，他们应该在什么地方植入广告。据此，Google 也开发了一些大数据产品，如 Brand Lift in Adwords、Active GRP 等，以帮助广告主分析和评估其广告活动的效率。

Google 的大数据平台架构仍在演进中，其追求的目标是更大数据集，更快、更准确的分析和计算，这将进一步引领大数据技术发展的方向。

5.6.4　互联网文本大数据管理系统

目前互联网上的新闻报道以及相应的用户反馈（如评论、转发等）以文本内容为主。该类文本大数据的出现，对现有数据管理系统提出了新挑战。首先，文本数据中的主题是开放的，每天的新闻事件被描述成成千上万个无直接关联的新闻文档，无法事先预定义关系模式和值域。其次，文本大数据一般由自然语言生成，没有确定的结构，无法直接用关系型数据进行存储和查询。最后，互联网上的数据量巨大、变化速度快，对数据管理系统的可扩展性和实时性提出了很高的要求。

对于文本大数据，目前广泛使用的互联网搜索引擎（包括新闻搜索引擎）只是对文本数据的简单索引和查找，不能满足用户对所关注的话题进行实时监测、深入分析，以及为用户提供决策支持等需求。例如，用户可以通过搜索引擎获取关于"马航失联"的最新报道，但无法直接通过搜索引擎了解该主题中主要的时间、地点、人物、相关事件以及最新进展。

综上所述，现有的搜索引擎和关系型数据库都不能满足用户对互联网文本大数据管理和查询的需求。

中国人民大学开发的时事探针系统是一个面向互联网文本大数据的通用管理和分析平台。该系统可以实时监控、收集互联网媒体数据，并对数据进行深入的挖掘和分析。时事探针系统结构示意图如图5-2所示。

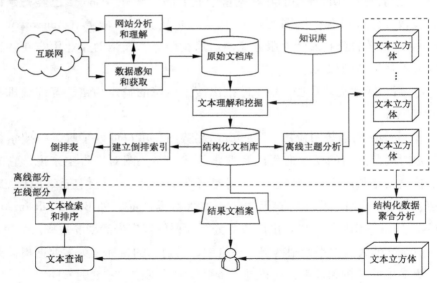

图5-2　时事探针系统结构示意图

时事探针系统的核心设计理念是使用信息检索技术对无结构的互联网文本数据进行索引以满足用户查找相关新闻的需求；同时，对相关文档中包含的关键信息进行挖掘和抽取以生成结构化数据，并对这些数据进行汇总和分析，以辅助用户对报道中包含的高阶知识进行理解。整个系统分为离线处理和在线处理两个部分。其中离线部分是设计的重点，主要完成下述功能。

（1）多源异构网络大数据的感知和获取

由于互联网内在的分布性和自组织性，数据的感知和获取是网络大数据处理非常重要的第一步。和传统搜索引擎一样，时事探针系统使用网络爬虫对互联网媒体网站内容进行抓取并存储到原始文档库中。本部分的主要挑战是如何针对给定的主题实时智能地收集相关的网络数据，从而为后续的处理提供准确丰富的数据来源。

（2）文档理解及结构化数据抽取和集成

为了对文本数据进行深入分析，需要采用数据抽取技术从大量数据中挖掘高质量的结构化信息。另外，属于同一个实体或概念的数据往往在多个数据源中以不同的形式表示，数据集成技术被用于将这些不同形式的数据进行统一和集成。数据抽取和集成是大数据研究的一个难点和热点，具体技术包括文档编码检测及 HTML 文本转换、文档语言（如中文、日文或者英文）检测、正文及相关属性（标题、时间、作者、主要图片等）抽取、文档内容段落及语句切分、文本分词、命名实体（时间、地点、人物、机构等）识别、动词或专有名词抽取、情感分析、话题检测、知识库实体匹配及消歧、事件检测及抽取等。

（3）数据存储和索引

原始文档库主要用于保存抓取下来的原始网页。原始文档库主要进行文档的写入和读取，无删除操作，并发计算和查询的需求不大，可直接使用关系型或者 NoSQL 数据库管理系统。由于原始文档库中的文档一般按照时间顺序写入，在对原始文档库中的文档进行处理时，一般也按照时间顺序进行，因此需要对文档抓取时间进行索引。

结构化文档库主要存储对文档进行深入理解后所抽取的信息，包括文档标题、文档正文、文档时间、文档作者、主要图片等文档级别的信息，也包括句子级别的信息，如句子文本、情感值、句子所包含的命名实体、关键词等。

在结构化文档库上会有大量的并发读写和查询操作。针对互联网文本数据的特点，对数据一致性和完整性的要求可适当放宽。例如，对某一事件的报道可能有数千条，其中个别报道的丢失一般不会对整个事件的理解造成重大影响。互联网文本数据管理在一定程度上能够容忍丢失更新、不可重复读和读"脏"数据等不一致性问题，因此结构化文档库应尽量减少读写锁并采用较低的事务隔离级别。

（4）主题文本立方体建立及更新

文本立方体是对特定主题建立的多维度数据立方体，是时事探针系统的主要分析模型。和传统的关系数据仓库上建立的单个数据立方体不同，时事探针系统中的每个主题都可以建立一个对应的文本立方体以对该主题进行分析操作。文本立方体是根据用户查询在匹配的所有文档上对结构化数据进行高效并行统计而建立的。和传统的数据立方体不同，在文本立方体中不具有可以使用的直接度量值。时事探针系统通过比较文档（记录）和维度值的紧密程度来计算度量值。如对于相关人物 A，考虑 A 在文档 D 中出现的次数、位置、所在句子的长短等特征，并同时考虑报道的来源来计算 A 在 D 中的度量值。

在线部分负责接收用户查询，检索相关文档及文本立方体并返回给用户。其主要模块包括关键词分词、倒排表文档匹配及排序、文本立方体生成及缓存、文档及文本立方体展示及交互等。

可以归纳出互联网文本大数据管理的特点如下：

① 互联网文本大数据蕴含着丰富的社会信息，可以看作对真实社会的网络映射。

② 实时、深入分析互联网文本大数据，可以帮助人们在海量数据中获取有价值的信息，发现蕴含的规律，以更好地感知现在、预测未来。

③ 互联网文本大数据管理对大数据系统和技术的挑战是跨学科领域的，既需要创新，也要继承传统数据管理技术和数据仓库分析技术的精华。

本章小结

本章简要介绍了大数据的概念、大数据结构、大数据处理、大数据管理系统、大数据的应用等。在大数据管理系统方面，介绍了大数据管理和分析处理领域涌现出的有代表性的前沿技术和系统，如 NoSQL、NewSQL 和 MapReduce 等。通过介绍大数据应用的案例，来说明大数据应用的特点，以及行业发展对大数据管理和大数据系统提出的技术需求和挑战。

5-1　什么是大数据？试述大数据的基本特征。

5-2　分析传统 RDBMS 在大数据时代的局限性。

5-3　数据挖掘和传统数据分析方法的主要区别是什么？

5-4　描述 MapReduce 的计算过程。分析 MapReduce 技术作为大数据分析平台的优势和不足。

第6章　人工智能技术

6.1　智能和人工智能

　　自然界存在四大奥秘：物质的本质、宇宙的起源、生命的本质、智能的发生。目前，人们难以给"智能"一个精确的、可被公认的定义，一般认为智能是知识与智力的总和。其中，知识是一切智能行为的基础，智力是获取知识并运用知识求解问题的能力。具体来说，智能的特征如下：

　　（1）具有感知能力

　　感知能力是指人们通过视、听、触、嗅等感知外部世界的能力。人类的大部分知识都是先通过感知获取有关信息，然后通过大脑加工获得的。可以说，感知是产生智能活动的前提和必要条件。

　　（2）具有记忆和思维能力

　　记忆与思维是人脑最重要的功能。记忆用于存储由感觉器官感知到的外部信息以及能动思维产生的知识。而思维是指利用已有的知识对信息进行分析、计算、比较、判断、推理、联想、决策等。思维是动态过程，是获取知识以及运用知识求解问题的根本途径。

　　（3）具有学习能力及自适应能力

　　人类都能够通过学习积累知识、增长才干，适应环境的变化，充实、完善自己。只是每个人所处的环境不同，条件不同，学习效果亦不相同，体现出不同的智能差异。

　　（4）具有行为能力

　　人们的感知能力用于信息的输入，行为能力用于信息的输出，它们都受神经系统的控制。

　　所谓人工智能就是用人工的方法在机器（计算机）上实现的智能，或者说人类智能在机器上的模拟。

人工智能技术的核心问题是能够构建与人类类似甚至超越人类的推理、规划、学习、交流、感知的能力。当前已开发出大量应用了人工智能技术的工具，其中包括搜索、逻辑推演等。基于仿生学、认知心理学，以及基于概率论的算法也在逐步探索中。

人工智能研究具有技术性高、专业性强的特点。具体可分成机器视觉、指纹识别、人脸识别、视网膜识别、虹膜识别、掌纹识别、专家系统、自动规划、智能搜索、定理证明、博弈、自动程序设计、智能控制、机器学习、语言和图像理解、遗传编程等子领域，并在以下应用领域得到了较大的发展。

① 游戏。人工智能在国际象棋、围棋等游戏中发挥着至关重要的作用，机器可以根据启发式知识来预测可能的位置，并计算出最优的下棋落子位置。

② 自然语言处理系统。这种系统可以与理解人类自然语言的计算机进行交互，如机器翻译系统、人机对话系统。

③ 专家系统。专家系统用一些应用程序集成了机器软件和特殊信息，以传授推理和建议，为用户提供解释和建议。比如分析股票行情，进行量化交易。

④ 视觉系统。人工智能能系统地理解、解释计算机上的视觉输入。例如，间谍飞机拍摄照片，用于计算空间信息或区域地图；医生使用临床专家系统诊断患者的病情；警方使用计算机软件识别数据库里存储的图像，从而找到犯罪嫌疑人的脸部肖像；还有车牌识别等。

⑤ 语音识别。智能系统能够与人类对话，通过分析句子及其含义理解人类的语言，还可以处理重音、俚语、背景噪声，适应不同人的声调变化等。

⑥ 手写识别。手写识别软件通过手写在屏幕上的文本来识别书写形状并将其转换为可编辑的文本。

⑦ 智能机器人。机器人能够执行人类给定的任务，它具有传感器，通过传感器检测来自现实世界的光、热、温度、运动、声音、碰撞和压力等数据。机器人带有高效的处理器和巨大的内存，用于处理复杂的计算，并且能够从错误中吸取教训后适应新的环境。

除了计算机科学以外，人工智能技术还涉及信息论、控制论、自动化、仿生学、生物学、心理学、数理逻辑、语言学、医学和哲学等多门学科。人工智能学科研究的主要内容包括知识表示方法、自动推理和搜索方法、机器学习和知识获取、知识处理系统、自然语言理解、计算机视觉、智能机器人、自动程序设计等方面。下面简要介绍人工智能的基本技术。

6.2 知识表示

6.2.1 人工智能系统所关心的知识

知识有可表示性和可利用性。知识的可表示性是指知识可以用适当的形式表示出来，知识表示是研究用机器表示知识的可行性、有效性的一般方法，是数据结构与控制结构的统一体，既考虑知识的存储又考虑知识的使用。知识表示可看作一组对事物描述的约定，把人类知识表示成机器能处理的数据结构。例如用语言、文字、图形、神经网络等表示知识，这样才能被机器存储、传播。知识的可利用性是指知识可以被利用，这是不言而喻的，人们每天都在利用自己掌握的知识解决自己所面临的各种问题。

一个高水平智能程序的运行需要有关的事实知识、规则知识、控制知识和元知识的支撑。

事实知识：关于事物是什么和怎么样的知识，常以"……是……"的形式出现。如事物的分类、属性、事物间关系、科学事实、客观事实等，在知识库中属于低层的知识。例如，雪是白色的，鸟有翅膀，张三和李四是好朋友等。

规则知识：有关问题中与事物的行动、动作相联系的因果关系知识，是动态的，常以"如果……那么……"的形式出现。启发式规则属于专家提供的专门经验知识，这种知识虽无严格的解释但很有用处。

控制知识：有关问题的求解步骤、控制信息的实施策略等相关知识，是技巧性知识，表达怎么做一件事；也包括当有多个动作同时被激活时应选哪一个动作执行的知识。

元知识：有关认知的知识，是知识库中的高层知识。其包括怎样使用规则、解释规则、校验规则、解释程序结构等知识。

知识表示是人工智能体系三大基础（知识表示、知识推理及知识应用）

之一。在解决实际问题时，通常需要用到多种不同的知识表示方法，因为每种数据结构都有其优缺点，没有哪种数据结构拥有多种功能，所以需要根据具体应用采用不同的知识表示方法。

6.2.2 一阶谓词逻辑表示法

人工智能中用到的逻辑可划分为两大类。一类是经典命题逻辑和一阶谓词逻辑，其特点是任何一个命题的值要么为"真"，要么为"假"。由于它只有两个值，因此又称为二值逻辑。另一类泛指经典逻辑外的其他逻辑，主要包括三值逻辑、多值逻辑、模糊逻辑等，统称为非经典逻辑。

命题逻辑与谓词逻辑是最先应用于人工智能的两种逻辑，在知识的形式化表示方面，特别是定理的自动证明方面，发挥了重要作用。但是，命题逻辑有其局限性，它不能表达原子单元内部的结构。而谓词逻辑既能指明事物的名称，又能指明有关该事物的性质或细节。谓词有表示对象的个体常量、表示关系的个体常量和表示函数关系的个体常量，因此可以方便地描述想要表示的知识。本小节主要讨论谓词逻辑。

（1）命题（Proposition）

◎定义1：命题是一个非真即假的陈述句。

判断一个句子是否为命题，首先应该判断它是否为陈述句，再判断它是否有唯一的真值。没有真假意义的语句（如感叹句、疑问句等）不是命题。

若命题的意义为真，则称它的真值为真，记作T；若命题的意义为假，则称它的真值为假，记作F。例如，"北京是中华人民共和国的首都""3<5"都是真值为T的命题；"太阳从西边升起""煤球是白色的"都是真值为F的命题。"老张是一个教师"这个命题，真值可能是T，也可能是F。

（2）谓词（Predicate）

谓词逻辑是基于命题中谓词分析的一种逻辑。一个谓词可分为个体与谓词名两个部分。个体表示某个独立存在的事物或者某个抽象的概念；谓词名用于刻画个体的性质、状态或个体间的关系。

谓词的一般形式如下：

$$P\ (x_1,\ x_2,\ \cdots,\ x_n)$$

其中P是谓词名，$x_1,\ x_2,\ \cdots,\ x_n$是个体。

谓词中包含的个体数目称为谓词的元数。$P\ (x)$是一元谓词，$P\ (x,$

y）是二元谓词，P（x_1，x_2，$\cdots$，x_n）是 n 元谓词。

例如，"老张是一个教师"这个命题就是一元谓词 teacher（Zhang）。"5>3"这个不等式可表示为二元谓词 greater（5，3）。其中，greater 是谓词名，5 和 3 是个体。一般一元谓词表达了个体的性质，而多元谓词表达了个体之间的关系。

（3）谓词公式

无论是命题逻辑还是谓词逻辑，均可用下列连接词把一些简单命题连接起来构成复合命题，以表示比较复杂的含义。

连接词"¬""∨""∧""→""≒"分别称为"非""析取""合取""蕴涵"及"等价"。

为刻画谓词与个体间的关系，在谓词逻辑中引入了两个量词：全称量词和存在量词，即 $\forall x$ 和 $\exists x$。例如，（$\forall x$）（$\exists y$）FRIEND（x，y）表示对于个体域中的任何个体 x 都存在个体 y，且 x 与 y 是朋友。

◎定义 2：由谓词符号、常量符号、变量符号、函数符号以及括号、逗号等按一定语法组成的字符串表达式称为谓词公式。

在谓词公式中，连接词的优先级从高到低的排列顺序是"¬""∨""∧""→""≒"。

例如，用一阶谓词逻辑表示"每个储蓄钱的人都得到利息"。我们先定义谓词：save（x）表示 x 储蓄钱；interest（x）表示 x 获得利息。则"每个储蓄钱的人都得到利息"可以表示为（$\forall x$）（save（x）→interest（x））。

（4）谓词知识表示

谓词可以用来表达人工智能需要处理的知识。表达知识的谓词公式构成一个集合，称为知识库。使用逻辑法表示知识，需将以自然语言描述的知识通过引入谓词、函数加以形式描述，获得有关的逻辑公式，进而以机器内码表示。逻辑是一种重要的知识表示方法。以逻辑法表示时可采用归结法或其他方法进行准确的推理。当然一阶逻辑的表达能力也是有限的，如具有归纳结构的知识、多层次的知识都难以用一阶逻辑来描述。

谓词逻辑的规范表达式为 P（x_1，x_2，$\cdots$，x_i），这里 P 是谓词，x_i 是主体与客体。例如，小张与小李打网球，可写为 Play（Zhang，Li，tennis），这里谓词是 Play，动词主体是 Zhang 和 Li，客体是 tennis。

谓词表示的知识之间可以看作一种映射关系。知识之间的关系可以映射为关系谓词，知识的常量可以映射为谓词表示中的常量，谓词公式中的解释表示了知识具体内容的真伪性。表示知识的第一步是用对象、函数、关系将知识概念化，接下来构造谓词表达式，最后写出概念化知识的谓词公式。这些公式同样可以在别的解释下得到，而人们关心的只是在某些解释（要解决的问题所涉及的）下这些公式是否会得到满足。这些解释涉及的是所关心的知识水平能解决的问题。

谓词逻辑表示法是应用最广的知识表示方法之一，原因如下：

① 谓词逻辑与数据库，特别是与关系数据库密切相关。在关系数据库中，逻辑代数表达式是谓词表达式之一。因此，若采用谓词逻辑作为系统的理论背景，则可将数据库系统扩展改造成知识库。

② 一阶谓词逻辑具有完备的逻辑推理算法。若对逻辑的某些外延扩展，则可把大部分的知识表达成一阶谓词逻辑的形式。

③ 逻辑推理是在公理集合中演绎而得出结论的过程。逻辑及形式系统具有的重要性质，可以保证知识库中新旧知识在逻辑上的一致性（或通过相应的过程检验）和所演绎出来的结论的正确性。而其他的表示方法在这点上还不能与其相比。

尽管谓词逻辑表示法有很多优点，已经在实际人工智能系统中得到应用。但是，逻辑表示法仍然有一定的缺点，如谓词表示越详细，越清楚，则推理越慢，效率越低。实际人工智能系统是在表示详细与推理效率之间寻求平衡。

下面给出谓词逻辑知识表示的一个例子。

在一个房间里，有一机器人 Robot，一个积木块 Box，两张桌子 A 和 B。使用逻辑法描述机器人把 Box 从桌子 A 移到桌子 B 上，即机器人从初始状态到目标状态的操作过程，具体如下：

先引入谓词：

Table（A），表示桌子 A

EmptyHanded（Robot），表示机器人双手空空

At（Robot，A），表示机器人在桌子 A 旁

Holds（Robot，Box），表示机器人拿着积木块

On（Box，A），表示积木块在桌子 A 上

设定初始状态：

EmptyHanded（Robot）

On（Box，A）

Table（A）

Table（B）

目标状态如下：

EmptyHanded（Robot）

On（Box，B）

Table（A）

Table（B）

机器人每次操作所引起的状态变化，可用对原状态的增添表和删除表来表示。如机器人把积木块 Box 从桌子 A 移到桌子 B 上，然后再回到桌子A，这时同初始状态相比有增添表 On（Box，B），删除表 On（Box，A）。

又如机器人从初始状态，走近桌子 A，然后拿起 Box。这时，同初始状态相比有增添表 At（Robot，A），Holds（Robot，Box）；删除表 EmptyHand-ed（Robot），On（Box，A）。

虽然谓词逻辑表示能够把客观世界的各种事实表示为逻辑命题，但是它有较大的局限性，不适合表达比较复杂的问题。对于推理求解过程来说，最重要的是表示了什么，而不是怎样表示。因此，可以认为谓词逻辑表示方法只是提供了一种形式比较统一的语言，用这种语言对知识世界进行表示和推理是人工智能研究的主要内容。

6.2.3　产生式表示法

产生式表示法又称为产生式规则表示法。产生式表示法通常用于表示事实、规则及它们的不确定性度量。也有心理学家认为人脑对知识的存储就是产生式的。

（1）事实与规则的表示

1）事实的表示

事实可看成是断言一个语言变量的值或是多个语言变量之间关系的陈述句，语言变量的值或语言变量间的关系可以是一个词，也可以是数字。

例如，"香蕉是黄色的"，其中语言变量是"香蕉"，值是"黄色的"。又如，"小李喜欢小莉"，其中语言变量是小李、小莉，两者的关系值是"喜欢"。

一般使用三元组（对象，属性，值）或（关系，对象1，对象2）来表示事实，其中对象就是语言变量。

例如，事实"老李的年龄是 65 岁"可表示成（老李，年龄，65）。而事实"老赵和老张是朋友"可表示成（朋友，老赵，老张）。

2）规则的表示

规则用于表示事物间的因果关系，以 if condition then action 的单一形式表示。其中 condition 部分称作条件式前件或模式，而 action 部分称作动作、后件或结论。

产生式规则的一般形式为前件→后件。前件和后件也可以是由"与""或""非"等逻辑运算符组合而成的表达式。条件部分常是一些事实的合取或析取，而结论常是某一事实。如果考虑不确定性，需另附可信度度量值。

产生式规则的语义是如果前件满足，则可得到后件的结论或者执行后件的相应动作，即后件由前件触发。一个产生式生成的结论可以作为另一个产生式的前提或语言变量使用，进一步构成产生式系统。

产生式规则的表达方式如：

$$水被电解 \rightarrow 生成氢气与氧气$$
$$x>y \wedge y=z \rightarrow x>z$$

（2）产生式系统的结构

大多数专家系统都以产生式表示知识。把一组产生式放在一起，让其互相配合，协同工作，且一个产生式生成的结论可以供另一个产生式作为前提使用，以这种方式求解问题的系统称为产生式系统。如图 6-1 所示，产生式系统由知识库和推理机两部分组成，知识库又由数据库和规则库组成。

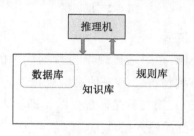

图 6-1　产生式系统结构图

1）数据库

数据库中存放构成产生式系统的基本元素，包括系统设计时输入的事实、外部数据库输入的事实以及中间知识结果和最后结果。数据库中存放数据的格式多种多样，可以是常量、变量、多元组、谓词、表格、图像等。在推理过程中，当规则库中某条规则的前提可以和数据库中的已知事实相匹配时，该规则被激活，由此推出的结论将作为新的事实被放入数据库，成为后面推理的已知事实。

2）规则库

规则库中存放的是与求解有关的所有产生式规则，每个规则由前件和后件组成。其中包含了将问题从初始状态转换成目标状态所需的所有变换规则。这些规则描述了问题领域中的一般性知识。规则库是产生式系统进行问题求解的基础，其知识的完整性、一致性、准确性、灵活性，以及知识组成的合理性等，对产生式系统的运行效率有重要的影响。

系统运行时通常采用匹配方法核实前件，即查看当前数据集中是否存在规则前件，如匹配成功则执行后件规定的动作。动作是对数据库进行某种处理，如添加、删除，或是系统的某一个输出等。

3）推理机

推理机是解释程序，控制协同规则库与数据库，负责整个产生式系统的运行，决定问题求解过程的推理路线，实现对问题的求解，如图 6-2所示。

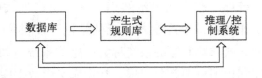

图 6-2　推理机

推理机的主要工作包括：

① 按一定策略从规则库中选择规则与数据库中的已知事实进行匹配。匹配的过程中会产生三种情况：第一种是匹配成功，则此条规则将被列入被激活候选集（冲突集）；第二种是匹配失败，即输入条件与已知条件（已知事实）矛盾，如观察到的输入条件为"红色果实"，已知条件为"黄色果实"，则匹配失败，此条规则被完全放弃，今后不予考虑；第三种是匹配无结果，即该条规则前件的已知条件与输入事实完全无关，则将该规则列入待测试规则集，在下一轮匹配中再次使用，这是因为推理的中间结果有可

能符合前件的已知条件。

这中间包含一系列的策略，如匹配规则的选择策略、优先级策略等。

当匹配成功的规则多于一条时，需要从匹配成功的规则中选出一条规则加以执行，即根据一定的策略解消冲突。例如，优先触发最小编号策略。此策略的原则是在多个激活的规则中，选取规则编号最小的一条加以执行。

② 解释执行规则后件的动作。如果匹配规则的后件不是问题的目标，即如果这些后件为一个或多个结论，则将其加入数据库。如果这些后件是一个或多个操作，则根据一定的策略，有选择、有顺序地执行。

③ 掌握结束产生式系统运行的时机。对于要执行的规则来说，如果该规则的后件满足问题的结束条件，则停止推理。

推理机的工作涉及推理方式、控制策略、动作的执行方式等问题。推理机是产生式系统的核心，推理机性能的优劣决定了智能系统性能的优劣。

（3）产生式系统的推理方式

产生式系统的推理方式有正向推理、反向推理和双向推理。

正向推理：从已知事实出发，通过规则库求得结论。

反向推理：从目标（作为假设）出发，反向使用规则，求得已知事实。

双向推理：同时使用正向推理和反向推理。

产生式推理可以在与或树图的基础上进行。与或树图是各个事实之间的逻辑关系图。下面以一个植物分类的推理系统为例，介绍产生式系统的正向推理、反向推理和双向推理的基本思想。图 6-3 给出了一个基于植物规则库的与或树实例。

要通过植物分类系统区分各种植物，需要对每种植物构造一条识别规则，其中规则右部为识别出的植物名，左部为该植物的特征。为了有效地组织推理，经常需要使用植物分类学中的知识作为产生式规则。下面是植物分类系统规则库的部分内容。

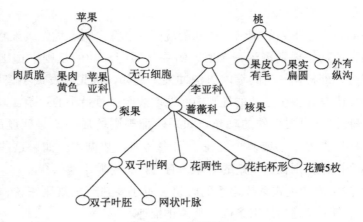

图 6-3　与或树

R1：IF 它种子的胚有两个子叶 OR 它的叶脉为网状
　　　THEN 它是双子叶植物

R2：IF 它种子的胚有一个子叶
　　　THEN 它是单子叶植物

R3：IF 它的叶脉平行
　　　THEN 它是单子叶植物

R4：IF 它是双子叶植物 AND 它的花托呈杯形
　　　OR 它是双子叶植物 AND 它的花为两性 AND 它的花瓣有 5 枚
　　　THEN 它是蔷薇科植物

R5：IF 它是蔷薇科植物 AND 它的果实为核果
　　　THEN 它是李亚科植物

R6：IF 它是蔷薇科植物 AND 它的果实为梨果
　　　THEN 它是苹果亚科植物

R7：IF 它是李亚科植物 AND 它的果皮上有毛
　　　THEN 它是桃

R8：IF 它是李亚科植物 AND 它的果皮光滑
　　　THEN 它是李

R9：IF 它的果实为扁圆形 AND 它的果实外有纵沟
　　　THEN 它是桃

R10：IF 它是苹果亚科植物 AND 它的果实里无石细胞

THEN 它是苹果

R11：IF 它是苹果亚科植物 AND 它的果实里有石细胞

THEN 它是梨

Rl2：IF 它的果肉为黄色 AND 它的果肉质脆

THEN 它是苹果

1）正向推理

这种推理方式是正向使用规则，即以问题的初始状态为初始数据库，仅当数据库中的事实满足某条规则时，该规则才能被使用。

正向推理的基础是逻辑演绎的推理链。从一组事实出发，使用一组规则证明目标的成立。例如，已知事实 A，规则库中有规则 A→B，B→C，C→D，则正向推理过程可表示为 A→B→C→D。具体推理步骤如下：

① 将初始数据（事实）读入工作存储器。

② 取出下一节点的规则。

③ 将规则的全部前件与工作存储器中的所有事实进行比较。

④ 如果匹配不成功，转向⑥。

⑤ 将规则加入冲突集。

⑥ 如果冲突集为空，转向⑩。

⑦ 冲突解消。

⑧ 将所选择规则的结论加入工作存储器。

⑨ 如果还未达到目标节点，转向②。

⑩ 结束。

下面以图 6-3 描述的植物分类为例，解释正向推理方法。

例如，设观察到的植物事实是：它的果肉为黄色；它的果实里无石细胞；它的果实为梨果；它的果皮无毛；它的花托呈杯形；它种子的胚有两个子叶。

其推理过程如下：

① 将初始数据读入工作存储器。此时存储器中的内容包括：{果肉黄色，无石细胞，梨果，果皮无毛，花托杯形，双子叶胚}。待测试规则表清空。

② 寻找与初始事实相匹配的规则。首先检验第一条规则 R1，数据库中有 R1 的第一个前提"它种子的胚有两个子叶"，不存在它的第二个前提"它的叶脉为网状"。由于该条规则的两个前提是或的关系，因此，认为 R1 匹配成功，R1 被激活，或者说被触发。将其结论"它是双子叶植物"放入存储器。此时，存储器中的内容为 ｛果肉黄色，无石细胞，梨果，果皮无毛，花托杯形，双子叶胚，双子叶纲｝。

由于 R1 不是最后一个规则，继续匹配。R2 的前件是"它种子的胚有一个子叶"，在数据库中找不到相应的事实，无法判定 R2 是否为真。故将该条规则放入待测试规则表。此时，待测试规则表的内容为 ｛R2｝。

继续测试。与 R2 相同，在数据库中找不到与 R3 的前件"它的叶脉平行"相应的事实，也将其放入待测试规则表。

规则 R4 的前件分为两部分，第一部分是"它是双子叶植物 AND 它的花托呈杯形"，在数据库中可查询到这两个事实。由于其两部分前件之间是或的关系，因此，此时可以不考虑第二部分前件，认为规则匹配成功。将其结论"它是蔷薇科植物"加入存储器。此时，存储器中的内容为 ｛果肉黄色，无石细胞，梨果，果皮无毛，花托杯形，双子叶胚，双子叶纲，蔷薇科｝。

R5 同 R2 和 R3 一样得不到匹配结果，将其放入待测试规则表。

R6 的前件是"它是蔷薇科植物 AND 它的果实为梨果"。由于 R4 匹配成功，其结论"它是蔷薇科植物"被加入存储器（数据库），使得 R6 的两个条件都能得到满足。因此，规则匹配成功，R6 被触发，其结论"它是苹果亚科植物"被加入存储器。此时，存储器中的内容为 ｛果肉黄色，无石细胞，梨果，果皮无毛，花托杯形，双子叶胚，双子叶纲，蔷薇科，苹果亚科｝。

R7 前件中的"它的果皮上有毛"与存储器中的事实"果皮无毛"有矛盾，同时由于它的两条前件是与的关系，因此，R7 的匹配是失败的，推理直接转向 R8，存储器和待测试规则表都不发生变化。这意味着，该条规则在本目标推理过程中不再参加匹配。

R8 与 R9 的匹配结果都是得不到确切结论，将它们放入待测试规则表。

R10 匹配成功，其结论"它是苹果"被加入存储器。

R11 与 R12 得不到匹配结果，将它们放入待测试规则表。

到此为止，第一个工作周期结束，存储器中的内容为｛果肉黄色，无石细胞，梨果，果皮无毛，花托杯形，双子叶胚，双子叶纲，蔷薇科，苹果亚科，苹果｝。待测试规则表的内容为｛R2，R3，R5，R8，R9，R11，R12｝。

③ 进入第二个工作周期，取出待测试规则表的 7 条规则，在第一个工作周期结束后存储器内容的基础上，对它们进行重新匹配，同时将待测试规则表再次清空。整个工作过程与第一个工作周期相同。

④ 第二个工作周期结束后，检查本周期的存储器内容与上一工作周期相比是否有变化，以及待测试规则表是否为空。如果存储器内容没有变化，或待测试规则表为空，则推理结束。否则，继续下一个工作周期。

本例中，推理机给出的推理结果是"苹果"。

2）反向推理

反向推理又称为目标驱动推理。其基本原理是从表示目标的谓词或命题出发，使用一组规则证明事实谓词或命题是成立的，即提出一批假设（目标），然后逐一验证这些假设。

反向推理的具体实现策略是先假设一个可能的目标，系统试图证明它，看此假设是否在数据存储器中，若在，则假设成立。否则，查看这些假设的叶子节点，找出结论部分包含此假设的规则，将其前提作为新的假设，并试图证明之。这样周而复始，直至所有目标都被证明，或所有路径都被测试。

正、反向推理方法各有其特点和使用场合。正向推理由数据驱动，从一组事实出发推导结论，其优点是算法简单、容易实现，允许用户一开始就把有关事实数据存入数据库，在执行过程中系统能快速取得这些数据，而不必等到系统需要数据时才向用户询问。其主要缺点是盲目搜索，系统可能会求解许多与总目标无关的子目标，每当工作存储器内容更新后都要遍历整个规则库，推理效率低。因此，正向推理策略主要用于已知初始数据，而无法提供推理目标或解空间很大的一类问题，如监控、预测、规划、设计等的求解。

反向推理由目标驱动，从一组假设出发验证结论，其优点是搜索的目的性强，推理效率高。其缺点是目标的选择具有盲目性，系统可能会求解许多假的目标，当可能的结论数目很多，即目标空间很大时，推理效率不高。当规则的后件是执行某种动作如开门、前进等，而不是结论如某种疾病等时，反向推理不便使用。因此，反向推理主要用于结论单一或已知目标结论要求证实的系统，如选择、分类、故障诊断等问题的求解。

3）双向推理

双向推理是既自顶向下又自底向上，直至某一个中间环节两个方向的结果相符便结束的推理方法。显然，这种推理方式的推理网络较小，效率也较高。双向推理也叫正反向推理。正反向推理是为了克服正向推理和反向推理各自的缺点，综合利用其优点而提出的。该类推理方法有多种混合策略，其中一种是通过数据驱动帮助选择某个目标，即从初始证据出发进行正向推理，而以目标驱动求解该目标，通过交替使用正、反向推理对问题进行求解。其控制策略比正向推理和反向推理都要复杂。

6.2.4　语义网络表示法

语义网络是一种用实体及其语义关系表达知识的知识表达方式。从结构上来看，语义网络一般由一些最基本的语义单元组成。这些最基本的语义单元被称为语义基元，语义基元是由有向图表示的三元组（节点1，弧，节点2）。其中，节点代表实体，表示各种事物、概念、情况、属性、状态、事件、动作等；弧是有方向和标注的，方向体现了节点所代表的实体的主次关系，即节点1为主，节点2为辅。弧线上的标注表示它所连接的两个实体之间的语义联系。应该注意的是，在语义网络中弧的方向是不能随意调换的。

当把多个语义基元用相应的语义关系关联在一起时，就形成了语义网络。

（1）基本语义关系

①包含或聚类关系，如：

　　　　零件→机器，part-of 关系。

　　　　门厅→房屋，part-of 关系。

②属性关系，如：

　　　　马→跑，can 关系。

　　　　鸟→翅膀，have 关系。

③时间关系，如：

　　　　春分→夏至，before 关系。

　　　　春节时间→元旦，after 关系。

④ 位置关系/相似关系/推论关系。

⑤ 二元关系/多元关系。

（2）语义网络举例

例：x 女士是 M 大学的校长；M 大学在镇江；y 先生的专业是机械制造。y 先生是 x 女士聘用的教授，x 女士的专业是计算机科学。其语义网络如图 6-4 所示。

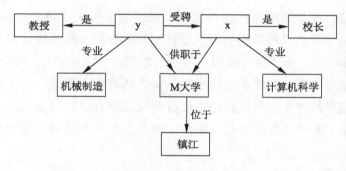

图 6-4　语义网络图

（3）语义网络下的推理

语义网络表示法按照继承和匹配进行推理。

① 继承。把对事物的描述从抽象节点传递到具体节点，通常沿着类属关系等具有继承关系的边进行。

② 匹配。把待求解问题构造为网络片段，其中某些节点或边的标识是空的，称为询问点。将网络片段与知识库中的某个语义网络片段进行匹配，与询问点相匹配的事实就是该问题的解。如求解以下问题：y 教授的工作地点在哪里？把这个待求解的问题构造为网络片段，如图 6-5 所示。

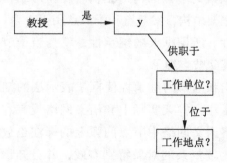

图 6-5　相应的语义网络片段

语义网络的主要优点：实体的结构、属性和关系可简明地表达出来，便于以联想的方式对系统进行解释；问题表达得更加直观和生动，适合知识工程师和领域专家进行沟通，符合人类的思维习惯；与概念相关的属性和联系组织在一个相应的结构中，易于实现概念的学习和访问。同时，语义网络也存在一定的缺点，如推理效率低、知识存取复杂等。

6.2.5 框架表示法

框架是一种存储以往经验和信息、描述对象（一个事物、一个事件、一个概念）属性的通用数据结构。在框架表示法中，框架被认为是知识表示的最基本单元。框架通常采用"节点-槽-值"表示结构，也就是说，框架由描述事物各个方面的若干槽组成，每个槽有若干侧面，每个侧面有若干值。框架中的附加过程用系统中已有的信息解释或计算新的信息。在这样的结构中，新信息可以用过去经验中的概念分析和解释。框架的形式表示为

<框架名>

<槽 1>：<侧面 11>（值 111，值 112，…）（缺省值）

<侧面 12>（值 121，值 122，…）（缺省值）

<槽 2>：<侧面 21>（值 211，值 212，…）（缺省值）

<侧面 22>（值 221，值 222，…）（缺省值）

……

<附加过程>

在知识的框架表示中，框架的槽值可以是另一个框架，并且在一个框架中可以有多个不同的槽值，知识的这种表示称为框架嵌套。通过框架嵌套结构，可形成以框架为节点的树形结构。在树形结构中，树形结构的每一个节点都是一个框架结构，父节点和子节点用 ISA 和 AKO 槽连接。框架的特性之一是继承性。所谓框架的继承性，就是当子节点的某些槽值没有直接赋值时，可从其父节点继承。

框架的属性结构和框架的继承性使框架表示法的知识存储量比其他知识表示方法的存储量小，框架实际上和语义网络没有本质区别，它是一种复杂的语义网络。将语义网络中节点间弧上的标注也放入槽内，就变成了框架。框架对描述比较复杂的对象特别有效，并且知识表示结构清晰，直观明了。此外，框架不仅能表示静态的陈述性知识，也可以通过框架之间

的连接表示一种过程性知识。

例如：

Frame <MASTER>

    Name：Unit（Last name，First name）

    Sex：Area（male，female）

      Default：male

    Age：Unit（Years）

    Major：Unit（Major）

    Field：Unit（Field）

    Advisor：Unit（Last name，First name）

    Project：Area（National，Provincial，Other）

      Default：National

    Paper：Area（SCI，EI，Core，General）

      Default：Core

    Address：<S-Address>

    Telephone：HomeUnit（Number）

        MobileUnit（Number）

这个框架共有 10 个槽，分别描述一个硕士生的姓名、性别、年龄等 10 个方面的情况。其中性别这个槽的第二个侧面是默认值（Default）。该框架中的每个槽或侧面都给出了相应的说明信息，这些说明信息用来指出填写槽值或侧面值时的一些格式限制。

Unit：用来指出填写槽值或侧面值时的书写格式，例如姓名槽应先写姓后写名。

Area：用来指出所填的槽值仅能在指定的范围内选择。

Default：用来指出当相应槽没填入槽值时，以其默认值作为槽值。

<>：表示由它括起来的是框架名。

框架中给出这些说明信息，可以使框架的问题描述更加清楚，但这些信息不是必需的，也可以省略以上说明并直接放置槽值或侧面值。

当结构比较复杂时，往往需要多个相互联系的框架来表示。例如，上面的硕士框架可以用学生框架和新的硕士框架来表示，其中新的硕士框架是学生框架的子框架。学生框架描述所有学生的共性，新的硕士框架描述硕士生的个性，并继承学生框架的所有属性。

学生框架：

Frame <Student>

    Name：Unit（Last name，First name）

    Sex：Area（male，female）

        Default：male

    Age：Unit（Years）

        If-Needed：Ask-Age

    Address：<S-Address>

    Telephone：HomeUnit（Number）

          MobileUnit（Number）

          If-Needed：Ask-Telephone

新的硕士框架：

Frame <MASTER>

    AKO：<Student>

    Major：Unit（Major）

        If-Needed：Ask-Major

        If-Needed：Check-Major

    Field：Unit（Field）

        If-Needed：Ask-Field

    Advisor：Unit（Last name，First name）

        If-Needed：Ask-Advisor

    Project：Area（National，Provincial，Other）

        Default：National

    Paper：Area（SCI，EI，Core，General）

        Default：Core

在新的硕士框架中使用了一个系统预定义槽名 AKO。所谓系统预定义槽名，是指框架表示法中事先定义好的可公用的一些标准槽名。

框架的继承通常由框架中设置的三个侧面 Default、If-Needed、If-Added 组合实现。

If-Needed：当某个槽不能提供统一的默认值时，可在该槽增加一个 If-

Needed 侧面，系统通过调用该侧面提供的过程产生相应的属性值。

If-Added：当某个槽值变化会影响到其他槽时，需要在该槽增加一个 If-Added 侧面，系统通过调用该侧面提供的过程来完成对相关槽的后继处理。

当把一个学生的具体情况填入这个新的硕士框架之后，就可得到一个实例框架。

> Frame <Master-1>
>
> ISA：<Master>
>
> Name：Li Xiao
>
> Sex：male
>
> Major：Mechanical
>
> Field：Metal-cutting
>
> Advisor：Dra Chen
>
> Project：National

在这个实例框架中，用到了一个系统预定义槽名 ISA，表示这个实例框架是硕士框架的实例。

框架表示法没有固定的推理机理。但框架系统的推理和语义网络一样，遵循匹配和继承的原则。框架中的 If-Needed、If-Added 等，虽然是附加过程，但在推理过程中起重要作用。

6.3 搜索推理技术

在知识表示的基础上研究问题求解的方法，是人工智能研究的又一核心问题，搜索是人工智能问题求解的基本方法之一。

搜索，即寻找，设法在庞大的状态空间图中找到目标。人类的思维过程，可以看作一个搜索的过程。基本搜索策略是一种没有任何经验和知识起作用的、由某种规则所确定的非智能性的搜索。通常搜索策略的主要任务是确定选取规则的方式，有两种基本方式：一种是不考虑给定问题所具有的特定知识，系统根据事先确定好的某种固定排序，依次调用规则或随机调用规则，这实际上是盲目搜索方法，一般统称为无信息引导的搜索策略。另一种是考虑问题领域可应用的知识，动态地确定规则的排序，优先调用较合适的规则，这种通常称为启发式搜索策略或有信息引导的搜索策略。到目前为止，人工智能领域中的搜索方法概括起来有以下几类：

① 求任一解路的搜索策略：回溯法（Backtracking）、深度优先法（Depth-first）、爬山法（Hill Climbing）、限定范围搜索法（Beam Search）、宽度优先法（Breadth-first）等。

② 求最佳解路的搜索策略：大英博物馆法（British Museum）、动态规划法（Dynamic Programming）、分枝界限法（Branch and Bound）等。

③ 求与或关系解图的搜索法：一般与或图搜索法（A*）、极小极大法（Minimax）、启发式剪枝法（Heuristic Pruning）等。

下面介绍几种常用的搜索算法。

6.3.1 图搜索算法

图搜索算法是实现从一个隐含图中，生成一部分确实含有一个目标节点的显式表示子图的搜索过程。图搜索算法在人工智能系统中被广泛使用，这里先对算法需要使用的 OPEN 表和 CLOSED 表进行简单的讨论。

在搜索过程中，要建立两个数据结构：OPEN 表和 CLOSED 表。OPEN 表用于存放刚生成的节点，对不同的策略，节点在此表中的排列顺序是不同的。例如，深度优先搜索是将节点的子节点放入 OPEN 表的首部；而宽度优先搜索是将扩展节点 N 的子节点放入 OPEN 表的尾部。CLOSED 表用于存放将要扩展或已扩展的节点（节点 N 的子节点）。所谓对一个节点进行扩展，是指用合适的算符对该节点进行操作，生成一组子节点。一个节点经一个算符操作后一般只生成一个子节点，但可能有多个节点适用该算符，故此时会生成一组子节点。需要注意的是在这些子节点中，可能有些是当前扩展节点（即节点 N）的父节点、祖父节点等，此时不能把这些先辈节点作为当前扩展节点的子节点。

图搜索的一般过程：

① 建立一个只含有起始节点 S 的搜索图 G，把 S 放到一个叫 OPEN 的未扩展节点表中。

② 建立一个叫 CLOSED 的已扩展节点表，其初始为空表。

③ LOOP（循环）：若 OPEN 表是空表，则搜索失败退出。

④ 选择 OPEN 表中的第一个节点，将其从 OPEN 表中移出并放进 CLOSED 表中，称此节点为节点 n。

⑤ 若节点 n 为一目标节点，则有解并成功退出，此解是沿着指针追踪

图 G 中从 n 到 S 这条路径得到的（指针将在第 7 步中设置）。

⑥ 扩展节点 n，同时生成不是 n 的"祖先"的那些后继节点的集合 M。把 M 的这些成员作为 n 的后继节点添入图 G 中。

⑦ 对那些未曾在 G 中出现过的（即未曾在 OPEN 表或 CLOSED 表中出现过的）M 成员设置一个通向 n 的指针。把 M 的这些成员加入 OPEN 表。对已经在 OPEN 表或 CLOSED 表中的每一个 M 成员，确定是否需要更改通向 n 的指针方向。对已在 CLOSED 表中的每个 M 成员，确定是否需要更改图 G 中通向它的每个"儿子"节点的指针方向。

⑧ 按某一方式或按某个探试值，重排 OPEN 表。

⑨ 跳转到第 3 步。

图搜索过程的第 8 步是对 OPEN 表中的节点进行排序，以便能够从中选出一个"最好"的节点用于第 4 步的扩展。这种排序可以是任意的即盲目的（属于盲目搜索），也可以以某一准则为依据（属于启发式搜索）。

6.3.2　无信息图搜索算法

无信息图搜索过程是在上面算法的第 8 步中使用两种不同的排列 OPEN 表中节点的顺序，分别构成了深度优先搜索和宽度优先搜索。

（1）深度优先搜索

深度优先搜索的过程如下：

① G：= G_0（G_0=s），OPEN：=（s），CLOSED：=（）；

② LOOP：IF OPEN=（）THEN EXIT（FAIL）；

③ n：= FIRST（OPEN）；

④ IF GOAL（n）THEN EXIT（SUCCESS）；

⑤ REMOVE（n，OPEN），ADD（n，CLOSED）；

⑥ EXPAND（n）→ $\{m_i\}$；

　　G：= ADD（m_i，G）；

⑦ ADD（m_i，OPEN），并标记 m_i 到 n 的指针；把不在 OPEN 表或 CLOSED 表中的节点放在 OPEN 表的最前面，使深度深的节点优先扩展；

⑧ GO LOOP。

该算法是从一般图搜索算法变化而来的。所谓深度优先搜索，就是在每次扩展一个节点时，选择到目前为止深度最深的节点优先扩展。这一点是在算法的第 7 步体现出来的。第 7 步中的 ADD（m_i，OPEN）表示将被扩展节点 n 的所有新子节点 m_i 加到 OPEN 表的最前面。开始时，OPEN 表中只有一个初始节点 s，s 被扩展，其子节点被放入 OPEN 表中。在算法的第 3 步，OPEN 表中的第一个元素（设为 n）被取出扩展，这时节点 n 的深度在 OPEN 表中是最深的，OPEN 表中的其他节点的深度都不会超过 n 的深度。n 的子节点被放到 OPEN 表的最前面。OPEN 表是按照节点的深度进行排序的，深度深的节点排在前面，深度浅的节点排在后面。这样当下一个循环再次取出 OPEN 表中的第一个元素时，实际上选择的就是到目前为止深度最深的节点，从而实现了深度优先的搜索策略。

一般情况下，当问题有解时，深度优先搜索不但不能保证找到最优解，也不能保证一定能找到解。如果问题的状态空间是有限的，则可以保证找到解；如果问题的状态空间是无限的，则可能陷入"深渊"而找不到解。为此，可以加上对搜索的深度限制。方法是在算法的第 7 步进行设置，当节点的深度达到限制深度时，不将其子节点加入 OPEN 表中，从而实现对搜索深度的限制。当然，深度限制应该设置得合适，深度过深影响搜索的效率，深度过浅则可能影响能否找到问题的解。

（2）宽度优先搜索

宽度优先搜索的过程如下：

① G：= G_0（G_0 = s），OPEN：=（s），CLOSED：=（）；

② LOOP：IF OPEN =（）THEN EXIT（FAIL）；

③ n：= FIRST（OPEN）；

④ IF GOAL（n）THEN EXIT（SUCCESS）；

⑤ REMOVE（n，OPEN），ADD（n，CLOSED）；

⑥ EXPAND（n）→ {m_j}；

　　G：= ADD（m_j，G）；

⑦ ADD（OPEN，m_j），并标记 m_j 到 n 的指针；把不在 OPEN 表或 CLOSED 表中的节点放在 OPEN 表的后面，使深度浅的节点优先扩展；

⑧ GO LOOP。

同深度优先算法一样，宽度优先算法也是从一般的图搜索算法变化而来的。在深度优先搜索中，每次选择深度最深的节点首先扩展，而宽度优先搜索正好相反，每次选择深度最浅的节点优先扩展。两者的区别体现在第 7 步，这里 ADD（OPEN，m_j）表示将 m_j 类子节点放到 OPEN 表的后面，从而实现对 OPEN 表中的元素按节点深度排序，只不过这次将深度浅的节点放在 OPEN 表的前面，而深度深的节点被放在了 OPEN 表的后面。当问题有解时，宽度优先算法一定能找到解，并且在单位耗散的情况下，可以保证找到最优解。

一般情况下，选择搜索策略的目的在于构造一条代价小、效率高的搜索推理路线。选择的搜索策略是否恰当，不仅直接影响系统求解问题的性能与质量，而且关系到系统搜索的成功与否。

6.4　专家系统

专家系统就是一种在相关领域中具有专家水平解题能力的智能程序系统，它能运用领域专家多年积累的经验与专门知识，模拟人类专家的思维过程，求解需要专家才能解决的难题。

6.4.1　专家系统的一般结构

专家系统包括人机接口、知识获取机构、知识库及其管理系统、推理机、数据库及其管理系统、解释机构等部分，如图 6-6 所示。

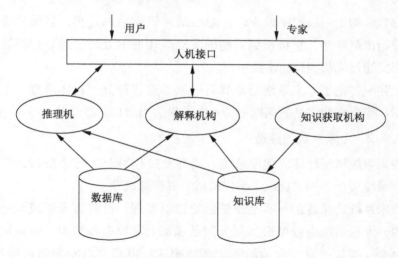

图 6-6　专家系统的一般结构

人机接口是专家系统与领域专家或知识工程师及一般用户交互的界面。它由一组程序及相应的硬件组成，用于完成输入、输出工作。

知识获取机构由一组程序组成，其基本任务是把知识输入知识库中，并负责维持知识的一致性及完整性，建立起性能良好的知识库。有的系统首先由知识工程师向领域专家获取知识，然后再通过相应的知识编辑软件把知识送入知识库中；有的系统自身具有部分学习功能；有的系统直接通过与领域专家对话获取知识，或者通过系统的运行实践归纳、总结出新的知识。

知识库及其管理系统是知识的存储机构，用于存储领域内的原理性知识、专家的经验性知识及有关事实等。知识库中的知识来源于知识获取机构，同时它又为推理机提供求解问题所需的知识。知识库管理系统负责对知识库的知识进行组织、检索、维护等。

推理机是专家系统的思维机构，是专家系统的核心部分。其任务是模拟领域专家的思维过程，控制并执行对问题的求解。它能根据当前已知的事实，利用知识库中的知识，按一定的推理方法和控制策略进行推理，求得问题的答案或证明假设的正确性。

数据库用于存放用户提供的初始事实、问题描述以及系统运行过程中得到的中间结果、最终结果、运行信息等。数据库是由数据库管理系统进行管理的。

解释机构由一组程序组成，它能跟踪并记录推理过程，当用户提出询问需要给出解释时，它将根据问题的要求做相应的处理，最后把解答用约定的形式通过人机接口输出给用户。

上述只讨论了专家系统应该具有的基本组成部分。具体建造一个专家系统时，应根据相应领域问题的特点及要求适当增加某些部分。

6.4.2 专家系统的建造

专家系统属于计算机软件系统，其开发过程可分为几个阶段，即需求分析、系统设计、知识获取、编程调试、原型测试等。

专家系统的建造是一项比较复杂的知识工程，目前尚未形成规范。一般来说，专家系统应遵循恰当划分问题领域、获取完备知识、知识库与推理机分离、选择并设计合适的知识表达模式、模拟领域专家的思维过程、建立友好的交互环境等建造原则。在开发过程中，还应将开发与评价结合起来，尽早地发现潜在问题，及时纠正。

6.5　机器学习

学习能力是智能系统的最基本属性之一，是衡量一个系统是否智能的显著标志，机器学习也是使计算机具有智能的根本途径。机器学习已经涉及和渗透到信息科学的许多领域和分支，新的信息方法、算法和应用系统正在不断被提出。

6.5.1　机器学习模型

机器学习算法在不断地发展演变。不同的学习定义甚至不同的信息算法都可以有不同的学习模型，但是，在大部分情况下，这些算法都倾向于适应三种学习模型之一，如图 6-7 所示。

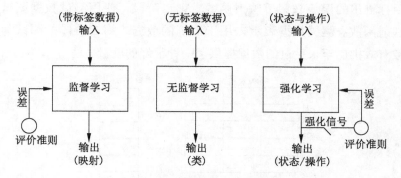

图 6-7　算法的三种学习模型

在监督学习中，数据集包含目标输出（或标签），以便函数能够计算给定预测的误差。在做出预测并生成实际结果与目标结果的误差时，会引入监督调节函数并学习这一映射函数。

在无监督学习中，数据集不含目标输出，因此无法监督函数。函数尝试将数据集划分为"类"，以便每个类都包含数据集具有的共同特征的一部分。

而在强化学习中，算法尝试学习一些操作，以便获得达到目标状态的一组给定状态。误差不是在每个示例后提供（就像监督学习一样），而是在收到强化信号（比如达到目标状态）后提供。此行为类似于人类学习，仅在给予奖励时为所有操作提供必要的反馈。下面简要介绍每种模型的工作方法和关键算法。

（1）监督学习

监督学习是最容易理解的学习模型。监督模型中的学习需要创建一个函数，该函数可以使用训练数据集来训练，然后应用于从未见过的数据来达到一定的预测功能。构建该函数的目的是将映射函数有效推广到从未见过的数据。

如图 6-8 所示，可通过两个阶段构建和测试一个具有监督学习能力的映射函数。第一阶段，将一个数据集划分为两种样本：训练数据和测试数据。训练数据和测试数据都包含一个测试矢量（输入），以及一个或多个已知的目标输出值。使用训练数据集训练映射函数，直到它达到一定的性能水平（一个衡量映射函数将训练数据映射到关联的目标输出的准确性指标）。在监督学习中，对每个训练样本都执行此过程，在执行过程中，使用实际输出与目标输出的误差来调节映射函数。第二阶段，使用测试数据测试训练过的映射函数。测试数据表示未用于训练的数据，第二阶段的测试为将映射函数有效推广至未见过的数据提供了一种很好的度量方法。

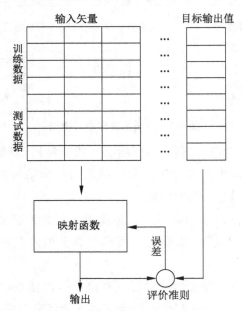

图 6-8　构建并测试具有监督学习能力的映射函数的两个阶段

许多算法都属于监督学习类别，比如神经网络和决策树。

1）神经网络

神经网络通过一个模型将输入矢量处理为结果输出矢量，该模型的灵感来源于大脑中的神经元和它们之间的连接。该模型包含一些通过权值相互连接的神经元层，权值可以调节某些输入相对于其他输入的重要性。每个神经元都包含一个用来确定该神经元的输出的激活函数（作为输入矢量与权矢量的乘积的函数）。计算输出的方式是，将输入矢量应用于网络的输入层，然后采用前馈方式计算网络中每个神经元的输出。典型的神经网络结构如图 6-9 所示。

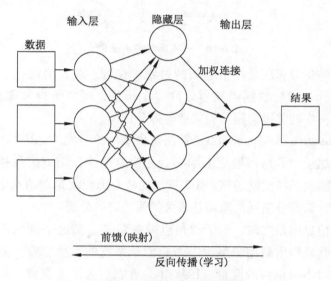

图 6-9　典型的神经网络结构

最常用于神经网络的监督学习方法之一是反向传播。在反向传播中，会应用一个输入矢量计算输出矢量并与目标输出比较得出误差，然后从输出层向输入层执行反向传播，以便调节权值和偏差（作为对输出的贡献函数，可以针对学习率进行调节）。

2）决策树

决策树由一系列的树形结构组成，按照分治的思想工作。每个非叶节点都关联着一个拆分；落在这个节点的数据将根据它们在这个特征上的值，被分成不同子集。每个叶节点关联着一个类标记（label），这个标记将会被分配给落在这个叶节点的样例。在预测阶段，从根节点开始进行一系列的拆分，然后在叶节点处得到类别的预测结果。

如图 6-10 所示，分类过程从判断 y 坐标的值是否大于 0.73 开始：如果"是"，那么样例被分为"cross"类，否则就判断 x 坐标的值是否大于 0.64，如果"是"，那么样例就被分为"cross"类，否则就被归为"circle"类。

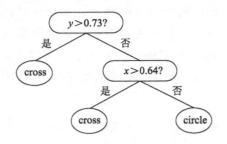

图 6-10　一种典型的决策树

决策树的学习算法是一个递归的过程。在每一步，给定一个数据集和选择一个拆分，然后数据集被划分为多个子集，每个子集又重复这一步。所以，决策树中的关键问题是如何选择拆分。

ID3（Iterative dichotomiser 3）算法是决策树的一种，它基于奥卡姆剃刀原理，即用尽量少的东西做更多的事。在信息论中，期望信息越小，那么信息增益就越大，纯度就越高。ID3 算法的核心思想就是以信息增益来度量属性的选择，选择分裂后信息增益最大的属性进行分裂。

在认识信息增益之前，先了解信息熵的定义。熵这个概念最早起源于物理学，在物理学中熵用来度量一个热力学系统的无序程度，而在信息学里面，熵是对不确定性的度量。1948 年，香农引入了信息熵，将其定义为离散随机事件出现的概率，一个系统越有序，信息熵就越低，反之一个系统越混乱，它的信息熵就越高。所以信息熵被认为是对系统有序化程度的度量。

假如一个随机变量 X 的取值为 $X = \{X_1, X_2, \cdots, X_n\}$，每一数值被取到的概率分别是 $\{P_1, P_2, \cdots, P_n\}$，那么 X 的熵定义为

$$H(X) = -\sum_{i=1}^{n} P_i \log_2 P_i$$

意思是一个变量的变化情况越多，它携带的信息量就越大。

对于分类系统来说，类别 C 是变量，它的取值是 C_1，C_2，$\cdots$，C_n，而每一个类别出现的概率分别是 $P(C_1)$，$P(C_2)$，$\cdots$，$P(C_n)$，这里的 n 就是类别的总数，此时分类系统的熵就可以表示为

$$H(C) = -\sum_{i=1}^{n} P(C_i)\log_2 P(C_i)$$

信息增益是针对一个特征而言的，系统有此特征和没有此特征时的信息量的差值就是这个特征给系统带来的信息增益。

下面以一个天气预报的例子来说明信息增益的计算。表 6-1 是描述天气的数据，学习目标是 play 或者 not play。从表 6-1 可以看出，表中一共有 14 个样例，包括 9 个正例和 5 个负例。那么该数据表信息的熵计算如下：

$$Entropy（S）= -\frac{9}{14}\log_2 \frac{9}{14} - \frac{5}{14}\log_2 \frac{5}{14} = 0.940286$$

表 6-1　描述天气的数据表

Outlook	Temperature	Humidity	Windy	Play?
sunny	hot	high	false	no
sunny	hot	high	true	no
overcast	hot	high	false	yes
rain	mild	high	false	yes
rain	cool	normal	false	yes
rain	cool	normal	true	no
overcast	cool	normal	true	yes
sunny	mild	high	false	no
sunny	cool	normal	false	yes
rain	mild	normal	false	yes
sunny	mild	normal	true	yes
overcast	mild	high	true	yes
overcast	hot	normal	false	yes
rain	mild	high	true	no

在决策树分类问题中，信息增益就是决策树在进行属性选择划分前和划分后信息量的差值。假设利用属性 Outlook 来分类，结果如图 6-11 所示。

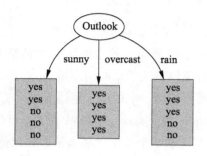

图 6-11 利用属性 Outlook 分类

利用属性 Outlook 分类后，数据被分为三部分，各个部分的信息熵计算如下：

$$\text{Entropy}（\text{sunny}）= -\frac{2}{5}\log_2\frac{2}{5} - \frac{3}{5}\log_2\frac{3}{5} = 0.970951$$

$$\text{Entropy}（\text{overcast}）= -\frac{4}{4}\log_2\frac{4}{4} - 0\log_2 0 = 0$$

$$\text{Entropy}（\text{rain}）= -\frac{3}{5}\log_2\frac{3}{5} - \frac{2}{5}\log_2\frac{2}{5} = 0.970951$$

那么划分后样本的信息熵为

$$\text{Entropy}（S\mid T）= \frac{5}{14}\cdot 0.970951 + \frac{4}{14}\cdot 0 + \frac{5}{14}\cdot 0.970951 = 0.69353$$

Entropy（$S\mid T$）代表在特征属性 T 的条件下样本的条件熵。特征属性 T 带来的信息增益为

$$IG（T）= \text{Entropy}（S）- \text{Entropy}（S\mid T）= 0.24675$$

信息增益的计算公式如下：

$$IG(S\mid T) = \text{Entropy}(S) - \sum_{\text{value}(T)}\frac{|S_V|}{S}\text{Entropy}(S_V)$$

式中，S 为全部样本集合；value（T）是属性 T 所有取值的集合；V 是 T 的其中一个属性值；S_V 是 S 中属性 T 的值为 V 的样例集合；$|S_V|$ 为 S_V 中所含样例数。

在决策树的每一个非叶子节点划分之前，先计算每一个属性所带来的信息增益，选择信息增益最大的属性来划分，因为信息增益越大，区分样本的能力就越强，越具有代表性，很显然这是一种自顶向下的"贪心"策略。

（2）无监督学习

无监督学习也是一种相对简单的学习模型，如图 6-12 所示。从名称可以看出，它缺乏评价，且无法度量性能。它的目的是构建一个映射函数，以便于将数据中隐藏的特征数据划分为不同类。

无监督学习方法使用映射函数将一个数据集划分为不同的类，每个输入矢量都包含在一个类中，但该算法无法对这些类应用标签。

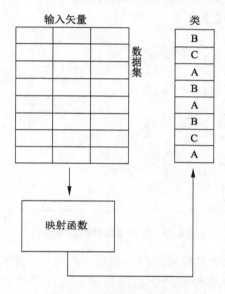

图 6-12　无监督学习模型

实际计算结果可能是数据被划分为不同的类（可以从中得出有关结果类的结论），并可以根据应用情况进一步使用这些类。推荐系统就是无监督学习的典型应用，其中的输入矢量可表示用户的特征或购买行为，具有类似兴趣的用户被分在一个类中，然后系统可以对这些用户进行相关产品营销或推荐。

要实现无监督学习，可以采用各种各样的算法，比如 K 均值集群和自适应共振理论 ART（实现数据集的无监督集群的一系列算法）。

1）K 均值集群

K 均值集群起源于信号处理，是一种简单的流行集群算法。该算法的目的是将数据集中的数据划分到 K 个集群中。每个示例都是一个数字矢量，并将计算矢量间的距离作为欧几里得距离。

　　图 6-13 直观地展示了如何将数据划分到 2 个（即 $K=2$）集群中，其中示例间的欧几里得距离是离集群的质心（中心）最近的距离，它表明了集群的成员关系。

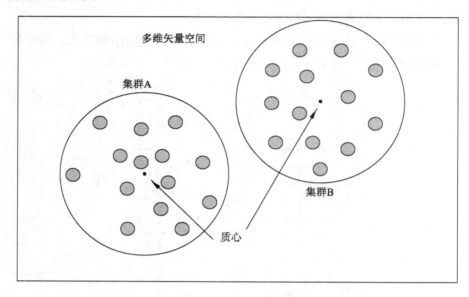

图 6-13　K 均值集群的简单示例

　　K 均值集群算法非常容易理解和实现。首先将数据集中的每个示例随机分配到一个集群，计算集群的质心作为所有成员示例的均值，然后迭代该数据集，以确定一个示例离所属集群更近还是离替代集群更近（假设 $K=$ 2）。如果示例离替代集群更近，则将该示例移到新集群并重新计算它的质心。此过程一直持续到没有示例移动到替代集群为止。在对示例的特征一无所知（即没有监督）的情况下，K 均值将示例数据集划分为 K 个集群。

　　2）自适应共振理论（ART）

　　自适应共振理论（ART）主要应用于辨识和分群，可利用输入图样与存储记忆的相似度来完成任务。ART 网络是一种自组织神经网络架构，该方法允许在维护现有知识的同时学习新映射。可以按无监督和监督模型来划分 ART。

　　ART 网络算法的步骤如下：

　　① 确定网络参数的基本条件限制。

　　② 设定初始参数。

③ 输入训练数据与向量，计算特征检测区的短期记忆状态与输出。

④ 接收区的竞争（得到一个获胜神经元）。

⑤ 对比训练数据的相似度。

⑥ 检验警戒门槛值。

⑦ 长期记忆快速学习。

⑧ 输入新的训练数据，回到步骤②。

（3）强化学习

强化学习是一个有趣的学习模型，如图 6-14 所示，不仅能学习如何将输入映射到输出，还能学习如何借助依赖关系将一系列输入映射到输出（例如 Markov 决策流程）。在环境中的状态和给定状态下可能操作的上下文中，可以应用强化学习。在学习过程中，强化学习算法随机探索某个环境中的状态-操作对以构建状态-操作对表，然后应用所学信息挖掘状态-操作对奖励，以便为给定状态选择能导致生成某个目标状态的最佳操作。

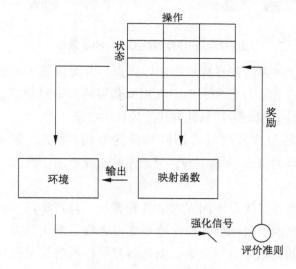

图 6-14 强化学习模型

在监督学习中，评价环节会对每个示例进行评分，而在强化学习中，评价环节仅在达到目标状态时进行评分。

Q-learning 是一种强化学习方法，如图 6-15 所示。它合并了每个状态-操作对的 Q 值来表明遵循给定状态路径的奖励。Q-learning 的一般算法是分阶段学习环境中的奖励。每个状态都包括为状态执行操作，直到达到目标状态。在学习期间，根据概率完成选择的操作（作为 Q 值的函数），该操作允许探索状态–操作空间。在达到目标状态时，流程从某个初始位置再次开始。为给定状态选择操作后，针对每个状态–操作对更新 Q 值。对当前状态应用操作来达到新状态（应用了折扣系数）后，会使用可用于该新状态且具有最大 Q 值的操作（可能什么也不做）所提供的奖励，对状态–操作对的 Q 值进行更新。通过学习率，可以实现更新结果的进一步折扣，学习率可以确定新信息已存在多长时间。折扣系数表明未来奖励相较于短期奖励的重要性。请注意，环境中可能填入负值和正值奖励，或者只有目标状态可以表明奖励。

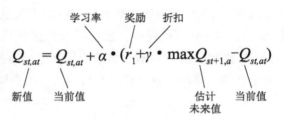

图 6-15　一种典型的 Q-learning 算法

此算法用于许多达到目标状态的时间点，并允许基于状态的概率性操作选择来更新 Q 值。算法完成时，利用所获得的知识对给定状态使用具有最大 Q 值的操作，以便采用最佳方式达到目标状态。

强化学习还包含其他具有不同特征的算法。状态—操作—奖励—状态—操作的循环类似于 Q-learning，但操作的选择不基于最大 Q 值，而是包含一定的概率。

机器学习受益于满足不同需求的各种算法。监督学习算法学习一个已经分类的数据集的映射函数，而无监督学习算法可基于数据中的一些隐藏特征对未标记的数据集进行分类。强化学习可以通过反复探索某个不确定的环境，学习该环境中决策制定的策略。

6.5.2　机器学习应用实例：文本分析

文本分析是指计算机对输入的文本数据进行分析，得到这一文本的分析结果（如文本分类、正负情绪等）。进行分析的前提是使用算法对文本数据进行分词和关键词提取，同时系统建立一个语料库。分析流程是输入文本数据后，系统对文本数据进行分词和关键词的提取，得到关键词数据后，与语料库的数据进行匹配，然后将匹配数据传输至分析引擎，得出分析结果。这是目前行业中最基本的文本分析流程，这个流程本身是可行的，但问题是计算机没有自我意识，不懂得如何根据实际环境等因素进行变通，所以这样分析出来的结果可能会出现不准确的情况。基于这样的情况，需要引入机器学习的概念。

在传统的计算机系统中，输入 A，得到的答案一定是 B。通过机器不断的学习后，同样是输入 A，得到的答案可能会是 B_1B_2 或者 BC。这就是机器学习带来的变化，也是机器学习的魅力所在。下面介绍一个文本分类的机器学习架构图实例。

如图 6-16 所示，对于分析引擎可以正确识别的数据，系统将会直接输出分析结果。对于分析引擎不能正确识别的数据，将通过人工干预的方式对分析结果进行校正，然后再输出正确结果。机器学习引擎将对所有的这些历史样本数据进行存储。接着，通过机器学习算法对这些数据进行处理，这个过程在机器学习中叫作"训练"，处理的结果可以被用来训练"模型"，当输入新的数据时，即可以通过"模型"对新数据进行处理。对新数据的处理过程在机器学习中叫作"预测"。"训练"与"预测"是机器学习的两个过程，"模型"则是过程的中间输出结果，"训练"产生"模型"，"模型"指导"预测"。机器学习的过程与人类归纳经验的对比如图 6-17 所示。

由图 6-17 可见，机器学习中的"训练"与"预测"过程对应于人类的"归纳"和"预测"过程。通过对历史数据的积累学习，机器的"模型"具有对新的问题和具体情境给出判断的能力，这正如人类通过过往的生活经验不断归纳整理得出一定的规律，从而具有利用这些规律对新问题进行判断的能力。通过这样的对比可以发现，机器学习的思想并不复杂，仅仅是对人类在生活中学习成长的模拟。由于机器学习的结果不是基于编程形成的，因此它的处理过程不依赖因果逻辑关系，而是通过归纳思想得出相关性结论。

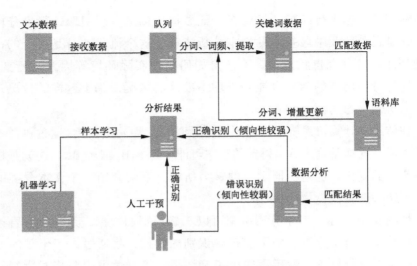

图 6-16　文本分类的机器学习架构图

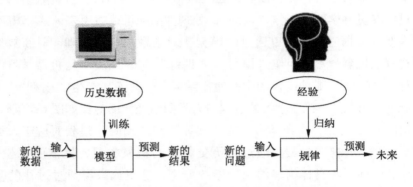

图 6-17　机器学习的过程与人类归纳经验的对比

　　机器学习也有其局限性。当涉及一个核心概念时，它的可解释性比专家系统更糟糕。我们可以遵循一系列 if-then 规则来理解专家系统是如何产生特定输出的，如果结果证明专家系统的答案"then"是不正确的，那么就允许开发人员修复这些规则。专家系统是高度透明的，这对某些领域来说是方便的，甚至是必要的。在患者询问他们的医生为什么他们被诊断患有某种疾病时，医生如果根据专家系统的输出做出诊断，那么他可以回答这个问题。从理论上讲，医生可以通过专家系统的 if-then 规则读取致使该规则输出的信息，以及患者的诊断结果。但如果医生根据机器学习模型的输出进行诊断，那么他们将无法向患者解释清楚。机器学习模型基于在数据集中自行构建的模式进行输出。人类在没有任何上下文的情况下为机器学习算法提供数据，并且机器学习算法提供了一些人类目前无法识别的模式来确定结果。机器学习模型可以基于任意数量的数据点为患者进行诊断。诊断结果可能是因为患者的 CT 扫描异常，也可能是因为该患者具有某些遗传因素，所以比其他人更容易被诊断出患有特定疾病。因此，医生既无法确认也无法否认这个诊断结果。这个问题也就是所谓的人工智能的"黑匣子"。机器学习模型可以通过人类无法达到的规模查找数据模式来进行预测和推荐，但没有人能够解释模型如何或为何做出这些预测和建议。没有透明度，这是机械学习在行业应用中遇到的一个主要问题。

6.6　拟人机器学习

未来的智能机器将更便于人类使用，也更人性化，同时它们的处理能力和自动化水平也将大幅提高。拟人机器学习（Anthropomorphic Machine Learning）是人工智能和数据科学的新兴方向。

多年前，人类就已开始设想要让自己喜爱的机器体现人的特征或具有人的思维。现在人们已能普遍接受人工智能技术，因为它已经清楚地展现了自己帮助人类的能力：智能手机、在线购物、智能手表等，人工智能让人们的生活越来越便捷。

目前，人工智能技术还面临诸多挑战。首先，训练人工智能算法需要海量数据，这是一项花费高而又耗时的工作。此外，为训练机器而生成和处理的数据越多，安全和隐私泄露的风险就越高。但最大的挑战在于让各方包括非专业用户、专家、律师、政策制定者及媒体等，都了解人工智能如何运作并做出决策。未来某天，当两辆无人驾驶汽车发生交通事故时，通过人工智能或许能让执法人员和汽车保险公司了解究竟是哪一辆汽车的过错。

6.6.1　拟人机器学习的概念

机器学习方法中的拟人化特征让计算机能够像人类那样学习。如今，绝大多数机器学习模型都需要大量的训练数据才能工作。但是，人却可以识别出之前只见过一次的事物。人类能基于单个或少数样本就做出关联分析、推理、分类或异常检测。因此，通过单个或极少数训练样本（即"从零开始"）构建模型的能力就是一种类似人类（拟人化）的特点。

此外，连续学习的能力也是一种拟人特征，绝大多数现有方法（强化学习法除外）都不具备这种能力。相反，人类却一直在动态地发展对现实世界（亦即一种环境模型）的内在感知。

6.6.2 拟人系统的瓶颈问题

理想情况下，一个拟人系统应该能够从一个或几个例子中学习并且能够终生从新观察到的例子中学习，解释它已知的内容，掌握它之前不知道的内容，以及已知的内容为何发生某个错误，识别与先前观察明显不同的数据样本，并在必要时形成新的规则或类别（自学和自组织），以精益求精、高效计算的方式学习，并与其他拟人机器学习系统合作。

然而，拟人系统主流方法遭遇的瓶颈是缺乏情境感知能力。此外，以透明的、人类可解释的方式向用户呈现先前所学知识的能力也需要发展，这有助于增加系统的可靠性。

拟人机器学习的目标是建立一种系统，这种系统不仅可以识别此前已知的模式，还可以识别未知的模式。在某种程度上，这个目标可以看作让系统能够意识到自身局限，能在面对未知和不可预测的情况时启动安全程序，并从中自主学习。

6.7 人工情感计算

人工智能在自动驾驶、智能机器人、人脸识别等领域已得到了很好的创新应用，出现了一大批围绕视频信息与声学信息进行技术创新的人工智能代表性企业，给人们的生活带来了大量基于特征识别、行为识别、语音识别的助手，使得工作和生活更加便捷，但这并不意味着我们已经进入了人工智能时代。

人工智能研究所追求的应该是让机器实现对人类意识的理解，对人类思维信息过程的模拟，以及能以与人类智能相似的方式做出反应。而目前大部分人工智能研究仅通过自然语言处理、机器学习、模式识别、物联感知、逻辑推理等技术的综合应用，使机器具备一定的逻辑思维判断能力。可以说，人工智能目前仍处于"婴儿期"，尤其缺乏对复杂情感的理解和表达能力。可以说离开情感的赋能，人工智能依旧是简单的机器。

情感计算是一个高度综合化的技术研究领域。通过计算科学与心理科学、认知科学的结合，研究人与人交互、人与计算机交互过程中的情感特点，设计具有情感反馈的人与计算机的交互环境，将有可能实现人与计算机的情感交互。

情感计算方法是按照不同的情感表现形式分类的，可以分为文本情感计算、语音情感计算、视觉情感计算。

6.7.1 文本情感计算

文本情感计算的过程由三部分组成：文本信息采集、情感特征提取和情感信息分类。

文本信息采集模块通过文本抓取工具（如网页爬虫工具）获得情感评论文本。然后，情感特征提取模块将文本中的自然语言文本转化成计算机能够识别和处理的形式，并通过情感信息分类模块得到计算结果。

文本情感计算侧重研究情感状态与文本信息之间的对应关系，提供人类情感状态的线索。具体地，需要找到计算机能提取出来的特征，并采用能进行情感分类的模型。因此，关于文本情感计算过程的讨论，主要集中在以下三个方面。

（1）文本情感特征标注

情感特征标注是指对情感语义特征进行标注，通常将词或者语义块作为特征项。情感特征标注首先对情感语义特征的属性进行设计，如褒义词、贬义词、加强语气、一般语气、悲伤语气、高兴语气，等等。然后通过机器自动标注或者人工标注的方法对情感语义特征进行标注，形成情感特征集合。情感词典是典型的情感特征集合，也是情感计算的基础。在大多数研究中，通常将情感词典直接引入自定义词典中。

（2）情感特征提取

文本包含的情感信息是错综复杂的，在赋予计算机以识别文本情感能力的研究中，从文本信号中抽取特征模式至关重要。在对文本进行预处理后，初始提取情感语义特征项。情感特征提取的基本思想是根据得到的文本数据，决定哪些特征能够给出最好的情感辨识。通常算法会对已有的情绪特征词打分，接着以得分高低为序，利用超过一定阈值的特征组成特征子集，特征子集的质量直接影响最后结果。为了提高计算的准确性，文本的特征提取算法研究持续受到关注。长远来看，自动生成文本特征技术将进一步发展，特征提取的研究重点将更多地从对词频的特征分析转移到对文本结构和情感词的分析上。

（3）情感信息分类

文本情感信息分类主要采用两种方法：基于规则的方法和基于统计的方法。

20世纪80年代，基于规则的方法占据主流位置，以语言学家的语言经验和知识获取句法规则作为文本分类依据。但是，获取规则的过程复杂且成本巨大，对系统的性能有负面影响，且很难找到有效的途径来提高开发规则的效率。现在，人们更倾向于使用基于统计的方法，通过训练样本进行特征选择和参数训练，根据选择的特征对待分类的输入样本进行形式化，然后输入分类器进行类别判定，最终得到输入样本的类别。

6.7.2　语音情感计算

语音情感识别研究工作在情感描述模型的引入、情感语音库的构建、情感特征分析等领域都取得了较大的发展。下面将从语音情感数据库的采集、语音情感数据库的标注及情感声学特征分析等方面介绍语音情感计算。

（1）语音情感数据库的采集

语音情感识别研究的开展离不开语音情感数据库的支撑。语音情感数据库的质量高低，直接决定了由它训练得到的情感识别系统的性能好坏。评价一个语音情感数据库优劣的一个重要标准是数据库中语音情感是否具备真实的表露性和自发性。

（2）语音情感数据库的标注

对于采集好的语音情感数据库，为了进行语音情感识别算法研究，还需要对情感语料进行标注。标注方法有离散型情感标注法和维度情感空间法两种类型。

离散型情感标注法指的是将语音标注为如生气、高兴、悲伤、害怕、惊奇、讨厌和中性等。这种标注的依据是心理学的基本情感理论。基于离散型情感标注法的语音情感识别容易满足多数场合的需要，但无法处理人类情感表达具有连续性和动态变化性的情况。

维度情感空间法用连续的数值对情感的变化进行表示。不同研究者所定义的情感维度空间数目有所不同，因此有二维、三维甚至四维模型。针对语音情感，最广为接受并得到较多应用的为二维连续情感空间模型，即

（Arousal-Valence）二维模型。"激活维"反映的是说话者生理上的激励程度或者采取某种行动所做的准备是主动的还是被动的；"效价维"反映的是说话者对某一事物正面的或负面的评价。随着多模态情感识别算法研究兴起，为了更细致地描述情感的变化，研究者在二维连续情感空间模型的基础上，引入三维连续情感空间模型，用于对语音情感进行标注和计算。

需要强调的是，离散型情感标注和连续型情感标注之间可以通过一定映射进行相互转换。

（3）情感声学特征分析

情感声学特征分析主要包括声学特征提取、声学特征选择和声学特征降维三个方面。采用何种有效的语音情感声学特征参数进行情感识别，是语音情感识别研究面临的最关键的问题之一，因为所用的语音情感声学特征参数的优劣直接决定最终情感识别结果的好坏。

目前经常提取的语音情感声学特征参数主要有三种：韵律特征、音质特征及谱特征。在早期的语音情感识别研究文献中，针对情感识别首选的声学特征参数是韵律特征，如基音频率、振幅、发音持续时间、语速等。这些韵律特征能够体现说话者的部分情感信息，较大程度上区分不同的情感。因此，韵律特征已成为当前语音情感识别中使用最广泛并且必不可少的一种声学特征参数。除了韵律特征，另一种常用的声学特征参数是与发音方式相关的音质特征。三维情感空间模型中"激发维"上比较接近的情感类型，如生气和高兴，仅使用韵律特征来识别是不够的。

声学特征选择是指从一组给定的特征集中，按照某一准则选择出一组具有良好区分特性的特征子集。特征选择方法主要有两种类型：封装式（Wrapper）和过滤式（Filter）。封闭式算法将后续采用的分类算法的结果作为特征子集评价准则的一部分，根据算法生成规则的分类精度选择特征子集。过滤式算法将特征选择作为一个预处理过程，直接利用数据的内在特性对选取的特征子集进行评价，独立于分类算法。

声学特征降维是指通过映射或变换方式将高维特征空间映射到低维特征空间，达到降维的目的。特征降维算法分为线性和非线性两种。最具代表性的两种线性降维算法，如主成分分析（Principal Component Analysis, PCA）和线性判别分析（Linear Discriminant Analysis, LDA），已经被广泛用于对语音情感声学特征参数的线性降维处理。

6.7.3 视觉情感计算

表情作为人类情感表达的主要方式，其中蕴含了大量有关内心情感变化的信息，通过面部表情可以推断内心微妙的情感状态。但是让计算机读懂人类面部表情并不是一件简单的事情。人脸表情识别是人类视觉最杰出的能力之一，而计算机进行自动人脸表情识别所利用的也主要是视觉数据。无论是在识别准确性、速度、可靠性还是在稳健性方面，人类自身的人脸表情识别能力都远远高于基于计算机的自动人脸表情识别能力。因此，自动人脸表情识别研究的发展一方面依赖于计算机视觉、模式识别、人工智能等学科的发展，另一方面还依赖于其对人类本身识别系统的认识程度，特别是对人的视觉系统的认识程度。

大量文献显示表情识别与情感分析已从原来的二维图像研究走向了三维数据研究，从静态图像识别研究转向实时视频跟踪研究。下面将从视觉情感信号获取、视觉情感信号识别及情感理解与表达三个方面介绍视觉情感计算。

（1）视觉情感信号获取

表情参数的获取多以二维静态或序列图像为对象。由于机器对微小的表情变化难以判断，导致情感表达的表现力难以提高，所以很难体现出人的个性化特征，这也是自动表情识别中的一大难点。以目前的技术，在不同的光照条件和不同的头部姿态下，通过二维静态图像均无法取得令人满意的参数提取效果。由于三维图像比二维图像包含更多的信息，可以提供鲁棒性更强、与光照条件和人的头部姿态无关的信息，因此用三维图像可使人脸表情识别的特征提取工作更容易进行。目前，最新的研究大多利用多元图像数据来进行细微表情参数的捕获。该方法综合利用三维深度图像和二维彩色图像，通过对特征区深度特征和纹理彩色特征的分析和融合，提取细微表情特征，并建立人脸的三维模型，以及细微表情变化的描述机制。

（2）视觉情感信号识别

视觉情感信号的识别和分析主要分为面部表情的识别和手势识别两类。

对于面部表情的识别，要求计算机具有类似于第三方观察者的情感识别能力。由于面部表情是最容易控制的一种，所以识别出来的并不一定是真正的情感。但是，由于面部表情是可视的，所以它非常重要，通过观察它可以了解一个人试图表达的信息。到目前为止，面部表情识别模型将情感表示为离散的，即将面部表情分成为数不多的类别，例如"高兴""悲伤""愤怒"等。1971 年，Ekman 和 Friesen 研究了 6 种基本表情（高兴、悲伤、惊讶、恐惧、愤怒和厌恶）。

对于手势识别来说，一个完整的手势识别系统包括三个部分和三个过程。三个部分分别是采集部分、分类部分和识别部分；三个过程分别是分割过程、跟踪过程和识别过程。

采集部分包括摄像头、采集卡和内存部分。在多目的手势识别中，摄像头以一定的关系分布在用户前方。在单目的情况下，摄像头所在的平面应该和用户的手部运动所在的平面基本水平。分类部分包括要处理的分类器和结果反馈回来的接收比较器，用来对之前的识别结果进行校正。识别部分包括语法对应单位和相应的跟踪机制，通过识别分类得到的手部形状给出对应的语义和控制命令。

分割过程主要是对得到的实时视频图像进行逐帧的手部分割，首先得到需要关注的区域，然后再对得到的区域进行细致分割，直到得到所需的手指和手掌的形状。跟踪过程包括对手部的不断定位和跟踪，并估计下一帧手的位置。识别过程通过利用之前学习的知识确定手势的意义，并做出相应的反应，例如显示出对应的手势或者做出相应的动作，并对不能识别的手势进行处理（报警或者记录下特征后在交互情况下得到用户的指导）。手势识别的基本框架如图 6-18 所示。

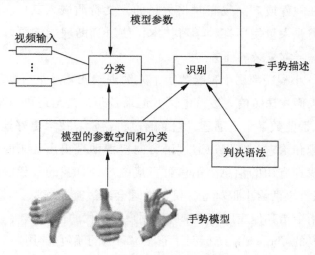

图 6-18　手势识别的基本框架

近年来，美国麻省理工学院多媒体实验室相继提出了多种情感计算应用项目。例如，将情感计算应用于医疗康复，协助自闭症患者识别其情感变化，并理解患者的行为；将情感计算应用于教育领域，实现对学习状态的采集及分析，指导教学内容的选择及教学进度安排；将情感计算应用于生活领域，如感知用户对音乐的喜好，根据对用户情感反应的理解判断，为用户提供其更感兴趣的音乐等。

6.8　人工智能应用

目前，人工智能一跃成为全球热门话题，不仅世界各国政府争相投入研究，产业界也纷纷以 AI 为名，推出各式各样的产品与应用，试图彻底改变我们的生活、工作和娱乐方式。从最小的 Siri 语音助手，到行为算法，再到自动化汽车，机器逐渐渗透到我们生活的每个角落。下面列举人工智能应用的常见案例。

6.8.1　人工智能在生活中的应用

（1）虚拟个人助理

语音助理在商业运营中扮演着越来越重要的角色，其面临的挑战是如何真正理解人类的语言。虽然人工智能系统工程师可以构建这些语音助理，但他们无法在软件或产品发布时将大量的人类特质嵌入其中。因此，人工智能系统还需要大量使用某种学习技术，使语音助理能够更好地完成人机界面交互这一异常复杂的任务。

许多 App 小程序都属于智能数字个人助理。尤其是个人助理 Siri 系统，它能够帮助人们发送短信，拨打电话，记录备忘，甚至还可以陪用户聊天。Siri 作为一款智能数字个人助理，它能通过机器学习技术更好地理解人们的自然语言问题和请求。当用户通过语言向机器助理提出要求时，机器助理会协助用户找到有用的信息。用户可直接说"今日我的日程安排是什么?""提醒我 8 点打电话给小张"等，机器助理会经过查找信息，转播手机中的信息或发送指令给其他应用程序来完成用户所交代的任务。

微软开发的 Cortana 系统标明了它会"不断了解它的用户"，而且最终会展示出猜测用户需求的能力。

（2）智能家居

智能家居硬件公司 Nest 发布的第三代 Nest Learning Thermostat 智能恒温器如图 6-19 所示，它可以自动控制暖气、通风及空气调节设备（如空调、电暖器等），让室内温度恒定在设定的温度。Nest 智能恒温器内置了多种类型的传感器，可以不间断地监测室内的温度、湿度、光线，以及恒温器周围的环境变化，比如它可以判断房间中是否有人（是否有移动），并以此决定是否开启温度调节设备。其名字中的"Learning"意味着 Nest 智能恒温器具有学习能力，比如用户某一次在某个时间设定了某个温度，它就会记录一次，经过一周的学习，它就能记住用户的日常作息习惯和温度喜好，并且它会利用算法自动生成一个设置方案，只要用户的生活习惯没有发生变化，就不再需要手动设置 Nest 智能恒温器。除此之外，Nest 智能恒温器还支持联网，这就意味着用户可以使用手机对其进行远程遥控，而且它的使用非常简单。

Nest 智能恒温器能够实现系统匹配功能，它可以根据使用的温度调节设备的类型自动匹配和激活相应的功能。比如，用户的供暖系统是压力热风供暖系统，而不是辐射供暖系统，Nest 智能恒温器通过计算所使用的系统达到用户设定的温度需要的时间，然后自动调整设置方案，这样就能达到最佳节能效果。如果用户在家里的不同地方安装了两个 Nest 智能恒温器（比如一个在楼上，一个在楼下），它们可以沟通并协同工作。比如，如果楼下的 Nest 智能恒温器发现楼下没人，它就会通知楼上的 Nest 智能恒温器让它判断楼上有没有人，如果发现没有，那么它们就会一起进入节能模式。

图 6-19　智能恒温器

（3）精准营销

精准营销和个性化推荐系统是零售行业内应用最为广泛、效果最为显著的人工智能技术，线上线下的零售巨头都在运用此技术帮助其进行交叉销售、向上销售、提高复购率。通过分析用户的购买、浏览、点击等行为，结合各类静态数据得出用户的全方位画像，搭建机器学习模型去预测用户何时会购买什么样的产品，并进行相应的产品推荐。

如天猫、淘宝 2016 年创造的 1000 亿人民币销售额背后就是一套成熟稳定的个性化推荐系统。如果京东、天猫和亚马逊这样的大型零售商能够提前预见客户的需求，那么收入一定会有大幅度的增加。亚马逊目前正在研究这样一个预期运输项目：在人们下单之前就将商品运到送货车上，这样人们也许可以在下单后几分钟就收到商品。毫无疑问，这项技术需要人工智能来参与，只有对每一位用户的购买偏好、愿望清单等数据进行深层次的分析之后才能够得出可靠性较高的预测结果。

（4）音乐和电影推荐服务

与其他人工智能系统相比，这类服务比较简单。但是，这项技术会大幅度提高人们的生活品质。如果你用过网易云音乐这款产品，一定会惊叹它每日音乐推荐的歌单与你喜欢的歌曲的契合度如此之高。也许用户并不知道自己到底喜欢包含哪些元素的歌曲，但是人工智能通过分析用户喜欢的音乐可以找到其中的共性，并且可以从庞大的歌曲库中筛选出用户所喜欢的部分。

（5）共享单车

没有人工智能和机器学习技术，共享单车是不可能存在的。具体来说共享单车的票价、预计到达时间等，这些都是人工智能计算出来的。如果没有一个分析情况的机器学习系统，然后将结果数据路由到用户所在的地点和相应的应用程序，这些复杂的计算将是难以实时完成的。当然，有些公司如 Uber 公司是将其用户的使用情况记录在自己的系统上，这样就拥有关于用户模式的大量数据。

（6）社交网络

社交媒体网络发展是人工智能发展的核心驱动力。Facebook 公司在它的系统中采用了人工智能的各方面功能。例如，社交网络使用一种算法定义了用户的时间轴，决定是否在这个时间轴上显示或不显示用户朋友的某些帖子。Facebook 公司知道，如果某个用户的每位朋友的帖子都被展示出来，那么时间表将变得相当混乱，以至于会让人感到厌烦。因此，时间轴算法可以了解用户都与谁进行了交互以及其通常忽略的对象。

Facebook 通过人工智能来实现其个性化服务。他们为用户提供的广告，均具有一定程度的相关性。特别是 Facebook 允许用户评论广告，且每个用户评论都有助于系统学习，因此 Facebook 广告占整个网络广告市场的比例非常高。

（7）无人驾驶领域

无人驾驶系统是目前汽车人工智能领域研究开发的热点。在感知层面，其利用机器视觉与语音识别技术感知驾驶环境、识别车内人员、理解乘客需求；在决策层面，利用机器学习模型与深度学习模型建立可自动做出判断的驾驶决策系统。未来，完全的自动驾驶可以基于感知的信息即时应变，一边担任驾驶员的角色，一边提供车内管家服务，还能完成其他各项任务。

6.8.2　人工智能在医疗领域的应用

人工智能在医疗领域的应用意味着人们将得到更为普惠的医疗救助，医疗系统将做出更好的诊断，能实施更安全的微创手术，能在更短的时间内保证更低的感染率，从而提高患者的存活率。从医疗行业发展状况和人工智能的优势看，人工智能在医疗领域至少可在以下几方面提高患者的生活质量。

（1）智能诊疗

智能诊疗就是将人工智能技术应用于疾病诊疗中，计算机可以帮助医生进行病理、体检报告等的统计，通过大数据和深度挖掘等技术对患者的医疗数据进行分析和挖掘，自动识别患者的临床体征和各项指标。计算机通过"学习"相关的专业知识，模拟医生的思维和诊断推理，从而给出可靠的诊断和治疗方案。智能诊疗是人工智能在医疗领域最重要、最核心的应用场景。

（2）医学影像智能识别

人工智能在医学影像方面的应用主要分为两个部分：第一部分是在感知环节，应用机器视觉技术识别医疗图像，帮助影像医生减少读片时间，提升工作效率，降低误诊的概率；另一部分是在学习和分析环节，运用大量的影像数据和诊断数据，不断对神经元网络进行深度学习训练，帮助它提升"诊断"的能力。

（3）医疗机器人

机器人在医疗领域的应用非常广泛，比如运用智能假肢、外骨骼和辅助设备等技术修复人受损的身体，医疗保健机器人辅助医护人员的工作等。目前，关于机器人在医疗领域的应用研究主要集中在外科手术机器人、康复机器人、护理机器人和服务机器人等方面。国内医疗机器人已经进入市场应用阶段。

（4）药物智能研发

依托数百万患者的大数据信息，人工智能系统可以快速、准确地挖掘和筛选出适合某一类疾病的药物。通过计算机模拟，人工智能可以对药物活性、安全性和副作用进行预测，找出与疾病匹配的最佳药物。这一技术将会缩短药物研发周期、降低新药研发成本并且提高新药的研发成功率。

（5）智能健康管理

融入人工智能技术研发生产的智能设备可以监测到人体一些基本特征，如身体健康指数、睡眠状况等，并对身体素质进行评估，提供个性化的健康管理方案，及时识别疾病发生的风险，提醒用户注意自己的身体健康状况。目前，人工智能在健康管理方面的应用主要包括风险识别、虚拟护士、精神健康、在线问诊、健康干预及基于精准医学的健康管理等。

本章小结

人工智能是在计算机科学、控制论、信息论、神经心理学、语言学等多学科研究的基础上发展起来的交叉学科，是一门新思想、新概念、新理论、新技术不断出现的新兴学科，也是正在迅速发展的前沿学科。由于篇幅有限，本章只介绍了人工智能的最基本知识。如果需要学习掌握更多更前沿的人工智能知识，请阅读相关的专业书籍。

思 考 题

6-1 人工智能研究的基本内容有哪些？人工智能有哪些主要的研究领域？

6-2　试述产生式表示法的特点。

6-3　试构造一个描述读者办公室的框架系统。

6-4　宽度优先搜索与深度优先搜索有何不同？分析深度优先搜索和宽度优选搜索的优缺点。在何种情况下，宽度优先搜索优于深度优先搜索？在何种情况下，深度优先搜索优于宽度优先搜索？

6-5　简述机器学习与人工智能的关系。

第 7 章　智能数字技术群融合应用

　　物联网、云计算、大数据以及人工智能数字技术产业间的融合已是大势所趋。本章将讨论各种智能数字技术群通过集成、融合和应用后对现代社会产生的巨大效应。

7.1　现代数字技术群的集成与融合

　　在全球范围内，信息技术的快速发展正在改变世界，从产业模式和运营模式，到消费结构和思维方式，信息技术对城市、地区甚至对国家发展进程的影响程度将会越来越深。而它自身的发展趋势也会根据"科研技术进展"和"市场热度"不断变化，如今，"数字经济""人工智能""跨界融合"和"大工程、大平台模式"已成为新一代信息产业发展的新趋势。多种技术的集成是智能技术浪潮的核心特征。大数据、云计算、物联网、移动互联网、传统互联网之间的集成关系可用图 7-1 表示。

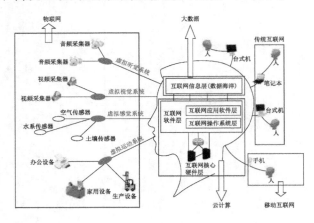

图 7-1　多种技术集成关系

人工智能、大数据、物联网、云计算等构成的新技术集群在商业创新和社会治理能力建设中具有内在的技术关联性，它们不断融合、叠加、迭代并发生"聚变"，如图 7-2 所示。它们各自的高速发展，又会带来数字技术群的融合"聚变"。

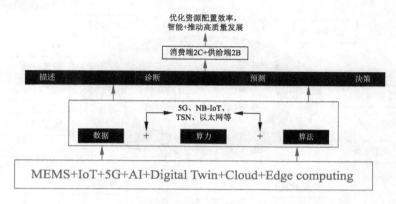

图 7-2 数字技术群的融合"聚变"

MEMS 智能传感器全天候、全方位、全时空识别消费者的各类行为状态，让消费者多种潜在的消费习惯和逻辑内涵得以呈现。

物联网（IoT）设备感知消费者，源源不断地为商业决策输送实时高价值数据，借助边缘计算的计算力，提供精准智能服务。

5G 移动通信网络高速、稳定、低延迟，与 Wi-Fi 的深度融合让消费者随时在线。

人工智能（AI）认识并刻画消费者画像，获知消费者需求，并与消费者实现自然互动，实现以消费者为中心的商业模式。

数字孪生（Digital Twin）为消费者勾画出一个虚实映射的新领域，带来消费感官新体验，开拓实体操控新空间。

云（Cloud）类似于大脑与中枢，是核心决策平台，强智能背后的算力、数据与连接平台，提供实时在线服务保障。

边缘计算（Edge Computing）将智能嵌入消费者生活的方方面面，通过"大脑"的高效分析和"边缘"的快速部署，实现对消费者需求的快速响应。

以上只是在理论上集成融合所产生的社会效应。如图 7-3 所示，数字技术群的应用包括产业数字化、智慧化生活、数字化治理等方向，新一代智能数字系统如雨后春笋，智能经济、智能商业、智能制造、智能零售、智慧农业、智慧金融、智慧园区等不断涌现。下面将对几个领域的应用场景加以描述。

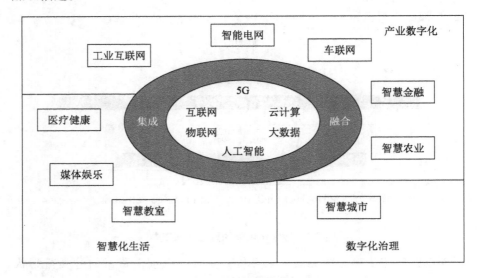

图 7-3　新技术融合成新的产业

7.2　智能制造

新一代信息技术与制造业深度融合是推动制造业转型升级的重要引擎，可加快推动制造业生产方式和企业形态重构。智能制造技术是在现代传感技术、网络技术、自动化技术、拟人化智能技术等先进技术的基础上，通过智能化的感知、人机交互、决策和执行技术，实现设计过程、制造过程和制造装备智能化的，它是信息技术、智能技术与装备制造技术的深度融合与集成。智能制造是数字化与工业化深度融合的大趋势。

7.2.1　传统的智能制造系统架构

智能制造系统架构通过生命周期、系统层级和智能功能三个维度构建完成，主要解决智能制造标准体系结构和框架的建模问题。传统的智能制造系统构架如图 7-4 所示。

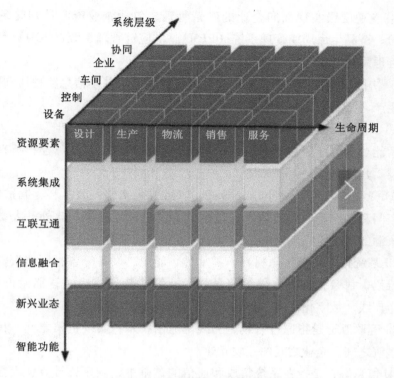

图 7-4　传统的智能制造系统架构

（1）生命周期

生命周期是由设计、生产、物流、销售、服务等一系列相互联系的价值创造活动组成的链式集合。生命周期中各项活动相互关联、相互影响。

（2）系统层级

系统层级自下而上共五层，分别为设备层、控制层、车间层、企业层和协同层。智能制造的系统层级体现了装备的智能化、互联网协议（IP）化及网络的扁平化趋势。具体如下：

① 设备层级包括传感器、仪器仪表、条码、射频识别、机器、机械和装置等，是企业进行生产活动的物质技术基础。

② 控制层级包括可编程逻辑控制器（PLC）、数据采集与监视控制系统（SCADA）、分布式控制系统（DCS）和现场总线控制系统（FCS）等。

③ 车间层级实现面向工厂/车间的生产管理，包括制造执行系统（MES）等。

④企业层级实现面向企业的经营管理，包括企业资源计划管理系统（ERP）、产品生命周期管理系统（PLM）、供应链管理系统（SCM）和客户关系管理系统（CRM）等。

⑤协同层级由产业链上不同企业通过互联网络共享信息实现协同研发、智能生产、精准物流和智能服务等。

（3）智能功能

智能功能包括资源要素、系统集成、互联互通、信息融合和新兴业态等五层。具体包括：

①资源要素包括设计施工图纸、产品工艺文件、原材料、制造设备、生产车间和工厂等物理实体，也包括电力、燃气等能源。此外，人员也可视为资源的一个组成部分。

②系统集成是指将原材料、零部件、能源、设备等各种制造资源，通过二维码、射频识别、软件等信息技术从智能装备集成到智能生产单元、智能生产线、数字化车间、智能工厂，乃至智能制造系统。

③互联互通是指通过有线、无线等通信技术，实现机器之间、机器与控制系统之间、企业之间的互联互通。

④信息融合是指在系统集成和通信的基础上，利用云计算、大数据等新一代信息技术，在保障信息安全的前提下，实现信息协同共享。

⑤新兴业态包括个性化定制、远程运维和工业云等服务型制造模式。

（4）示例解析

智能制造系统架构通过三个维度展示了智能制造的全貌。为更好地解读和理解系统架构，以可编程逻辑控制器（PLC）、工业机器人和工业互联网为例，分别从点、线、面三个方面诠释智能制造重点领域在系统架构中所处的位置。

1）可编程逻辑控制器（PLC）

PLC位于智能制造系统架构生命周期的生产环节、系统层级的控制层级，以及智能功能的系统集成区间，PLC在智能制造系统架构中的位置如图7-5所示。

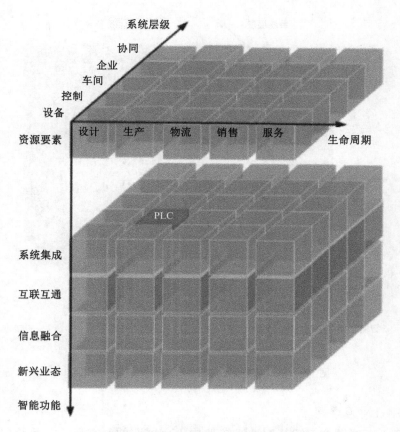

图 7-5　PLC 在智能制造系统架构中的位置

2）工业机器人

工业机器人位于智能制造系统架构生命周期的生产环节、系统层级的设备层级和控制层级，以及智能功能的资源要素区间，工业机器人在智能制造系统架构中的位置如图 7-6 所示。

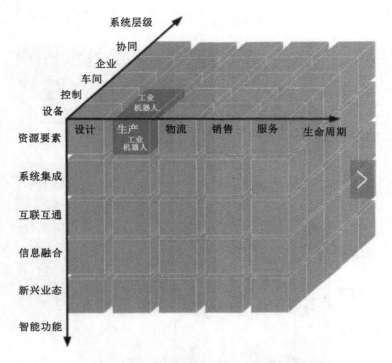

图7-6 工业机器人在智能制造系统架构中的位置

3）工业互联网

工业互联网位于智能制造系统架构生命周期的所有环节、系统层级的所有层级，以及智能功能的互联互通区间，工业互联网在智能制造系统架构中的位置如图7-7所示。

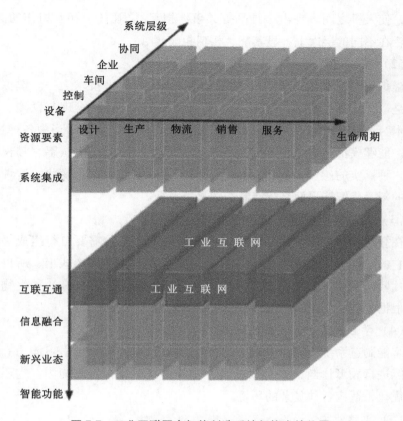

图 7-7　工业互联网在智能制造系统架构中的位置

7.2.2　智能制造系统的主要特征

一个智能制造系统至少应具有以下特征才能称得上智能制造：人机一体化、虚拟现实、具有自组织和超融性的能力、具有学习能力和自我恢复能力、有自律能力等。

（1）人机一体化

智能系统是一种混合智能。基于人工智能的智能机器只能进行机械式的推理、预测、判断，它只能具有逻辑思维（专家系统），最多做到形象思维（神经网络），而做不到灵感（顿悟）思维，只有人类专家才真正同时具备以上三种思维能力。因此，人工智能全面取代制造过程中人类专家的智能，独立承担起分析、判断、决策等任务是不现实的。人机一体化突出人在制造系统中的核心地位，同时在智能机器的配合下，更好地发挥出人的潜能，使人机之间表现出一种平等共事、相互"理解"、相互协作的关系，使二者在不同的层次上各显其能，相辅相成。

（2）虚拟现实

虚拟现实技术是实现高水平的人机一体化的关键技术之一。虚拟现实技术是以计算机为基础，融信号处理、动画技术、智能推理与预测、多媒体技术为一体，借助多种音像和传感器，虚拟展示现实生活当中各种过程、部件，能够模拟制造过程和未来的产品的技术。虚拟现实从感官和视觉上给人一种真实的感受，其特点是可以按照人的意志、意念变化，这种人机结合的新一代智能界面是智能制造的显著特征。

（3）自组织和超融性

在智能制造系统中，各组成单元能够根据任务的需要自行组成一种结构，它的融性不仅表现在运行方式上，而且表现在结构形式上，所以称这种融性叫超融性。就好像许多人类专家组成的群体，它具有一种生物的特征，根据环境的变化，它可以有自组织的能力。

（4）学习能力和自我恢复能力

智能制造系统能够在实践中不断充实知识库，具有自学习能力。在运行中能进行故障诊断，并对故障进行排除，具有自行恢复能力。它还能够自我优化，适应各种复杂的环境。

（5）自律能力

一台机器或一个设备要具有自律能力，首先它一定要能搜集和理解环境信息和自身信息，并通过分析和判断来规划自身的行为。具有自律能力的设备称为智能机器。智能机器在一定程度上表现出独立性、自主性、个性，甚至相互之间能够协调、竞争。

7.2.3 智能制造新模式

随着数字化技术被广泛应用于经济建设的各个环节，新消费时代到来，个性化、定制化的消费观越来越普遍，这不仅重塑了生产者和消费者之间的关系，也对供给端的生产效率、产品质量、敏捷反应等提出了更高的要求，制造业的智能升级迫在眉睫。

与传统制造体系相比，智能制造生产体系的优势主要表现为：研发环节由串行转变为并行，采购环节实现自动化、低库存化和社会化，生产环节实现全面智能化，销售环节实现无所不在的智能销售和售后服务。

在数字化技术和共创文化的驱动下，传统价值链导向的商业模式逐渐向平台化的商业模式迁移。数字化时代的竞争方式与过去相比发生了根本性的变化，主要体现在"个性体验、多向互动、参与平台（或交易平台）、生态系统"四个方面。而商业模式的迭代升级是通过多方关联群体的共同创造、数据算法的智能驱动和多边网络效应的协同发展实现的，其相互融合关系如图 7-8 所示。

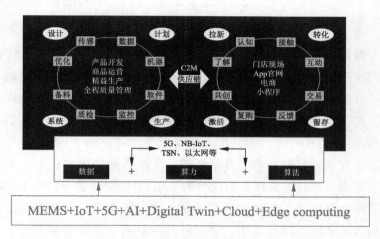

图 7-8 多方关联群体融合

"数据+算力+算法"的组合形成了智能制造的核心技术体系。其中，数据是基础。有了海量数据，需要强有力的算力进行处理，需要有先进的算法使海量数据发挥出真正的价值。物联网、5G、人工智能、数字孪生等科技的爆发性发展促使算力和算法突飞猛进。计算技术为高效、准确地分析大量数据提供了有力支撑，算法技术为智能经济提供智能决策支持。

与此同时，以 5G、TSN 为代表的现代通信网络凭借其高速度、广覆盖、低时延等特点起到了关键连接作用，形成了以"数据+算力+算法"为核心的智能科技体系，如图 7-9 所示。

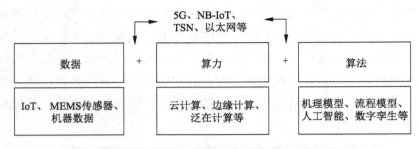

图 7-9　智能科技体系

核心智能科技体系中的数据，指的是工业数据。早在传统工业信息时代就一直在进行数据收集，有大量的数据来自研发端、生产制造过程、服务环节。在工业互联网时代，还需要纳入更多来自产业链上下游以及跨界的数据。实现工业大数据的主要核心技术包括物联网技术、传感器技术和大数据技术等。

算力的发展主要朝着两个方向延伸：一是资源的集中化，二是资源的边缘化。前者主要是以云计算为代表的集中式计算模式，通过 IT 基础设施的云化给产业界带来了深刻的变革，显著减少了企业投资建设和运营维护成本。后者主要以边缘计算为代表，并与物联网的发展紧密相连。物联网技术的发展催生了大量智能终端，它们在物理位置上处于网络的边缘侧，且种类繁多。由于云计算模型有一定局限性，不能满足所有应用场景需求，海量物联网终端设备趋于自治，若干处理任务可以就地解决，节省了大量的计算、传输、存储成本，使得计算更加高效。

算法指的是有限长度的具体计算步骤，它以清晰的定位指令使输入数据经过连续的计算过程后产生一个输出结果。算法在智能制造的各个环节都有着广泛的应用，是制造业实现智能化升级的精髓。

7.2.4　智能制造体系与传统制造体系的比较

"数据+算力+算法"这一技术集群从需求分析、研发、采购、生产、营销和售后等六大产业链环节对制造业进行了赋能重构。与传统制造体系相比，智能制造体系的优势可由图 7-10 体现。

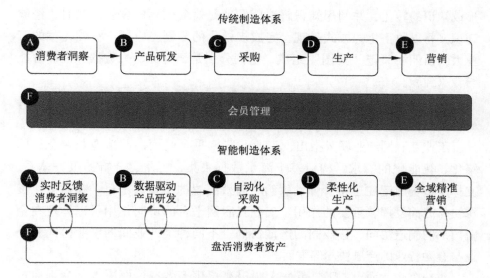

图 7-10 智能制造体系与传统制造体系的比较

（1）长尾重构：规模化供给满足定制化需求

当前，互联网正从信息交互、产品交易向能力交易迈进，在新的发展进程中，如何应对高度碎片化、个性化的需求，并对各种新的需求做出实时、精准、科学的响应是产业互联网需要解决的核心问题。在此背景下，顾客对工厂（C2M）定制化生产模式应运而生。

（2）敏捷响应：精准捕捉用户需求，快速推出新品

敏捷响应是指制造企业采用现代通信手段，通过快速配置各种资源（包括技术、管理和人员），以有效、协调的方式响应用户需求，实现制造的敏捷性。在消费互联网带动产业互联网发展的大背景下，制造企业敏捷性的一个重要体现就是新品投放速度，敏捷性响应是企业打开新市场、建立竞争优势的重要手段。

（3）智能决策：工业大脑结合行业洞见，重构人机边界

在制造领域，人机边界重构体现在建立由人类赋予机器智能，由机器随时随地完成复杂决策与逻辑操控任务的机器智能工厂。这种未来工厂模式通过智能化、数字化与自动化三位一体打造，实现了工厂从"无脑"到拥有一颗"工业大脑"的转化，是继三次工业革命后的又一次跨越。工业大脑的思考过程，简单地讲是从数字到知识再回归到数字的过程。生产过程中产生的海量数据与专家经验结合，借助云计算能力对数据进行建模，

形成知识的转化，并利用知识解决问题或是避免问题的发生。同时，经验知识又将以数字化的方式呈现，完成规模化的复制与应用。一颗完整的工业大脑由四块关键"拼图"组成，它们分别是云计算、大数据、机器智能与专家经验。

（4）高度协同：工业互联、云中台助力大型集团构建高度协同的智能制造生态体系

工业互联网产业联盟指出，工业互联网平台是面向制造业数字化、网络化、智能化的需求，构建基于海量数据采集、汇聚、分析的服务体系，支撑制造资源泛在连接、弹性供给、高效配置的工业云平台，在社会化资源协作方面发挥着重要的作用。工业互联网平台的协同作用可以体现在企业内部的制造协同、企业间的产能协同、不同种类产业间的产业协同和企业与金融行业的产融协同等方面。

对一个企业而言，工具革命大幅提高了生产效率，而决策革命则通过人工智能等手段提高决策的准确性、及时性、科学性，只有在工具和决策两个维度上进行革命（图 7-11），才能实现真正意义上的智能化。

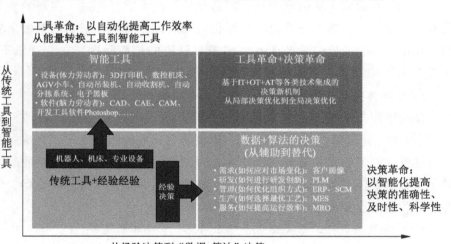

图 7-11 在工具和决策两个维度上的革命

7.3 商业智能

商业智能指用现代数据仓库技术、线上分析处理技术、数据挖掘和数

据展现技术进行数据分析以实现商业价值。

商业智能通常被理解为将企业中现有的数据转化为知识，帮助企业做出明智的业务经营决策的工具。这里所述的数据包括来自企业业务系统的订单、库存、交易账目、客户和供应商信息等，以及来自企业所处行业和竞争对手的数据，甚至包括来自企业所处的其他外部环境中的各种数据。商业智能做出的业务经营决策，既可以是操作层的决策，也可以是战术层和战略层的决策。为了将数据转化为知识，需要利用数据仓库、联机分析处理和数据挖掘等技术。因此，从技术层面上讲，商业智能不是新技术，它只是数据仓库、联机分析处理和数据挖掘等技术的综合运用。

可以认为，商业智能是对商业信息进行搜集、管理和分析的过程，目的是使企业的各级决策者获得知识或洞察力，促使他们做出对企业更有利的决策。商业智能的实现涉及软件、硬件、咨询服务及应用等方面，可以把商业智能看成是一种解决方案。商业智能的关键是从许多来自不同的企业运作系统的数据中提取出有用的数据并进行清理，以保证数据的正确性，然后经过抽取、转换和装载，将它们合并到一个企业级的数据仓库里，从而得到企业数据的全局视图，在此基础上利用合适的查询和分析工具、数据挖掘工具（大数据魔镜）、联机分析处理工具等对其进行分析和处理（这时信息变为辅助决策的知识），最后将知识呈现给管理者，为管理者的决策过程提供支持。提供商业智能解决方案的著名 IT 厂商包括微软、IBM、Oracle、SAP、Informatica、Microstrategy、SAS、Royalsoft 等。

7.4　语音识别技术

语言是人与人之间最重要的交流方式，能与机器进行自然的人机交流是人类一直期待的事情。随着人工智能技术的快速发展，语音识别技术成为人机交流接口的关键。

语音识别技术就是让机器识别和理解语音信号，并将其转变为相应的文本或命令的技术。语音识别涉及的领域包括数字信号处理、声学、语音学、计算机科学、心理学、人工智能等，是一门涵盖多学科领域的交叉科学技术。

语音识别系统的构建整体上包括两大部分：训练和识别。训练通常离线完成，对预先收集好的海量语音、语言数据库进行信号处理和知识挖掘，获取语音识别系统所需要的声学模型和语言模型；而识别过程通常是在线完成的，对用户实时的语音进行自动识别。识别过程通常又可以分为前端和后端两大模块：前端模块的主要作用是进行端点检测（去除多余的静音和非说话声）、降噪、特征提取等；后端模块的作用是利用训练好的声学模型和语言模型对用户说话的特征向量进行统计模式识别（又称解码），得到其包含的文字信息。此外，后端模块还包含一个自适应的反馈模块，可以对用户的语音进行自学习，从而对声学模型和语音模型进行必要的校正，进一步提高识别的准确率。语鼠是一款人工智能语音鼠标，采用"硬件+语音算法"的独特技术，引入讯飞语音生态，通过人机交互彻底颠覆了传统的鼠标功能及应用，为传统 PC 插上了 AI 的翅膀。

语音识别系统本质上是一种模式识别系统，包括特征提取、模式匹配、参考模式库三个基本单元，它的基本原理如图 7-12 所示。

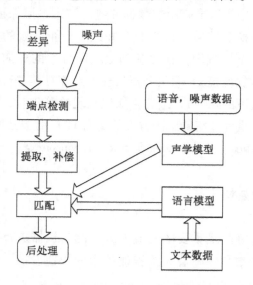

图 7-12　语音识别系统原理框图

7.4.1　预处理

声音的实质是波。语音识别所使用的音频文件必须是未经压缩处理的文件，如人类正常的语音输入等。语音输入所面对的环境是复杂的，主要存在以下问题：

① 自然语言的识别和理解不易。首先必须将连续的话分解为词、音素等单位，其次要建立理解语义的规则。

② 语音变化大。例如，一个人在随意说话和认真说话时的语音信息是不同的。一个人的说话方式也会随着时间变化。

③ 语音的模糊性。说话者在讲话时，不同的词可能听起来是相似的，这在英语和汉语中常见。受上下文的影响，单个字母或字、词的音调、音量和发音速度等不同。环境噪声和干扰对语音识别有严重影响，致使识别率低。

因此，在预处理环节需要进行静音切除、噪声处理和语音增强。

（1）静音切除

静音切除又称语音边界检测，它是指在语音信号中将语音和非语音信号时段区分开来，准确地确定出语音信号的起始点，然后从连续的语音流中检测出有效的语音段。它包括两个方面：一是检测出有效语音的起始点即前端点，二是检测出有效语音的结束点即后端点。经过端点检测后，就可以只对语音信号进行处理，这对提高模型的精确度和识别正确率有重要作用。

在语音应用中进行语音的端点检测是很有必要的，首先在存储或传输语音的场景下，从连续的语音流中分离出有效语音，可以减少存储或传输的数据量。其次是在有些应用场景中，使用边界检测可以简化人机交互，比如在录音的场景中，语音后边界检测可以省略结束录音的操作。有些产品已经使用循环神经网络（RNN）技术进行语音的边界检测。

（2）噪声处理

实际采集到的音频通常会有一定强度的背景音，这些背景音一般是背景噪声，当背景噪声强度较大时，会对语音应用的效果产生明显影响，比如语音识别率降低、端点检测灵敏度下降等。因此在语音前端处理中，进行噪声抑制是很有必要的。频谱减法作为语音降噪处理算法中的经典算法，其基本思想是：默认混合信号（含噪信号）的前几帧仅包含环境噪声，并利用混合信号的前几帧的平均幅度频谱作为估计到一帧噪声的幅度频谱。最后利用混合信号（含噪信号）的幅度频谱与估计到的幅度频谱相减，得到估计到的干净信号的幅度频谱。降噪过程是对含噪语音反向补偿得到降噪后语音的过程。

（3）语音增强

语音增强的主要任务是消除环境噪声对语音的影响。目前，语音增强的方法有很多。其中基于短时谱估计的谱减法及其改进形式最为常用，因为它的运算量较小，容易实时实现，且增强效果较好。此外，人们也在尝试将人工智能、隐马尔可夫模型、神经网络和粒子滤波器等理论用于语音增强，但目前尚未取得实质性进展。

7.4.2　声学特征提取

人通过声道产生声音，声道的形状不同，发出的声音就有差异。如果可以准确地知道声道形状，那么就可以对产生的音素进行准确的描述。声道的形状在语音短时，可以在功率谱的包络中显示出来。因此，准确描述这一包络的特征就是声学特征提取步骤的关键。

接收端接收到的语音信号经过预处理后便得到有效的语音信号，对每一帧波形进行声学特征提取便可以得到一个多维向量。这个多维向量包含了每一帧波形的内容信息，为后续的进一步识别做准备。语音识别常用的语音特征提取方法是梅尔频率倒谱系数（MFCC）法。

MFCC特征提取包含两个关键步骤，首先将每一帧波形转化到梅尔频率，然后进行倒谱分析。梅尔频率是基于人耳听觉特性提出的，与赫兹（Hz）频率成非线性对应关系。MFCC则是利用它们之间的这种关系，计算得到Hz频谱特征。MFCC特征提取流程如图7-13所示。

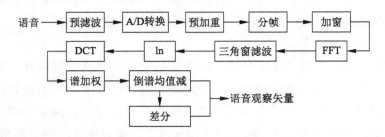

图 7-13　MFCC 特征提取流程

预滤波：使用前端带宽为 300~3400 Hz 的抗混叠滤波器。

A/D 变换：使用 8 kHz 的采样频率、12 bit 的线性量化精度进行变换。

预加重：通过一个一阶有限激励响应高通滤波器，使信号的频谱变得平坦，不易受到有限字长效应的影响。

分帧：根据语音的短时平稳特性，语音可以以帧为单位进行处理，大部分情况下选取的语音帧长为 32 ms，帧叠为 16 ms。

加窗：采用哈明窗对一帧语音加窗，以减小吉布斯效应的影响。

快速傅里叶变换（FFT）：将时域信号变换成为信号的功率谱。

三角窗滤波：用一组梅尔频率上线性分布的三角窗滤波器（共 24 个三角窗滤波器）对信号的功率谱滤波，每一个三角窗滤波器覆盖的范围都近似于人耳的一个临界带宽，以此模拟人耳的掩蔽效应。

求对数（ln）：对三角窗滤波器组的输出求取对数，可以得到近似于同态变换结果。

离散余弦变换（DCT）：去除各维信号之间的相关性，将信号映射到低维空间。

谱加权：由于倒谱的低阶参数易受说话者特性、信道特性等影响，而高阶参数的分辨能力比较低，所以需要进行谱加权，抑制其低阶和高阶参数。

倒谱均值减（CMS）：CMS 可以有效地减小语音输入信道对特征参数的影响。

差分参数：大量实验表明，在语音特征中加入表征语音动态特性的差分参数，能够提高系统的识别性能。该流程中用到了 MFCC 参数的一阶差分参数和二阶差分参数。

7.4.3　模式匹配

语音特征分析后就要进行模式匹配，其处理流程如图 7-14 所示。

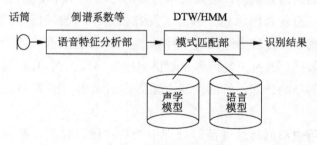

图 7-14　模式匹配

声学模型是识别系统的底层模型，并且是语音识别系统中最关键的一部分。声学模型可提供一种有效的语音特征矢量序列和各发音模板之间距离的计算方法。声学模型的设计和语言发音特点密切相关。声学模型单元大小（字发音模型、半音节模型或音素模型）对语音训练数据量大小、系统识别率及灵活性有较大的影响。必须根据不同语言的特点、识别系统词汇量的大小决定识别单元的大小。小词汇量语音识别系统通常是指包括几十个词的语音识别系统。中等词汇量的语音识别系统通常是指包括几百个词至上千个词的语音识别系统。大词汇量语音识别系统通常是指包括几千至几万个词的语音识别系统。

语言模型对大词汇量的语音识别系统特别重要。当分类发生错误时可以根据语言学模型、语法结构、语义学进行判断纠正，一些同音字必须通过上下文结构才能确定词义。语言学理论包括语义结构、语法规则、语言的数学描述模型等方面。目前比较成功的语言模型是采用统计语法的语言模型与基于规则语法结构命令的语言模型。语法结构可以限定不同词之间的相互连接关系，缩小识别系统的搜索空间，这有利于提高系统的识别效果。语音识别过程实际上是一种认识过程。人们听语音时，并不把语音和语言的语法结构、语义结构分开来，当说话者发音模糊时，人们可以用通过语法规则、语义结构等帮助理解，想要让机器识别系统利用这些方面的知识，面临的主要困难是如何有效地描述这些语法和语义。

模式匹配是语音识别系统的关键组成部分，它一般采用基于模式匹配方式的语音识别技术，或者采用基于统计模型方式的语音识别技术。前者主要是指动态时间规整（DTW）法，后者主要是指隐马尔可夫（HMM）法。

对于孤立词语音识别，最为简单有效的方法是采用动态时间归整算法。该算法基于动态规划的思想，解决了发音长短不一的模板匹配问题，是语音识别中出现较早、较为经典的一种算法。HMM 算法在训练阶段需要提供大量的语音数据，通过反复计算才能得到模型参数，而 DTW 算法的训练中几乎不需要额外的计算。所以在孤立词语音识别中，DTW 算法得到广泛的应用。

隐马尔可夫模型是语音信号处理中的一种统计模型，是由马尔可夫链演变来的。它是一种基于参数模型的统计识别方法，其模式库是通过反复训练形成的，而不是预先储存好的模式样本。其识别过程中，将待识别语音序列与 HMM 参数之间的似然概率达到最大值所对应的最佳状态序列作为识别输出，因此是较理想的语音识别模型。

7.5　人脸识别技术

本小节具体分析人脸识别系统的组成、人脸识别系统的架构及人脸识别系统的具体功能。

人脸识别系统由前端人脸抓拍采集子系统、网络传输子系统和后端解析管理子系统组成，实现对通行人脸信息的采集、传输、处理、分析与集中管理。系统中，前端人脸图像采集设备负责人脸图像的采集；接入服务器主要实现图片及信息的接收和转发功能，可为多种型号、多个厂家的抓拍机提供统一接入服务；接收到的抓拍图片存入云存储单元，并由人脸结构化分析服务器对抓拍的视频及图像进行建模，对黑名单实时比对报警。建模得到的人脸信息及模型数据存入大数据单元。后端解析应用平台则根据用户的应用需要，支持实时人脸抓拍、检索等功能，可向用户提供黑名单库与抓拍图片的实时比对信息，为快速高效查到目标图片提供服务。

7.5.1　前端人脸抓拍采集子系统

前端人脸抓拍采集子系统负责完成人脸信息采集，包括人脸小照片、过人场景照片、视频流等，如图 7-15 所示。其主要由人脸图像采集设备（视频监控摄像机或带人像识别功能的人像抓拍机）、补光灯、外场工业交换机、开关电源、防雷器等设备及杆件组成。

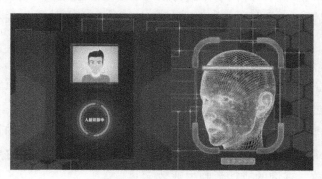

图 7-15　前端人脸图像采集

7.5.2　网络传输子系统

网络传输子系统负责系统组网，完成数据、图片、视频流的传输与交换。因系统的安全性需要，一般通过租用运营商光纤链路组建专网，对于较密紧的点位可通过 EPON 方式组网（单点上传带宽≥20 Mbps，可根据需求增加）。

7.5.3 后端解析管理子系统

后端解析管理子系统负责对前端人脸抓拍采集子系统收集的相关数据进行汇聚、处理、存储、应用、管理与共享，由人脸结构化分析服务系统、应用管理系统和存储系统组成。中心管理平台由搭载平台软件模块的服务器组成，包括中心管理服务器、视频流接入处理服务器、图片流接入处理服务器等。

7.5.4 人脸识别系统的架构

人脸识别系统架构分为内网和专网两个部分。其中内网的人像应用平台主要负责区域特色主题和个性化采集人像的特征提取、建库，以及与其他部署单元的联动；专网的人像识别前置服务主要负责实时视频分析、人脸照片结构化、人像比对计算、行人数据存储和行人检索等，承担主要的计算功能。

7.5.5 人脸识别系统的功能

（1）人脸图像管理功能

① 名单管理：对名单库及库内名单进行管理。支持用户新增、修改、删除名单库，也可以对库内名单进行新增、修改、删除。

② 资源管理：对布控点及布控点内的人脸采集摄像机/抓拍相机进行管理，可添加、修改、删除抓拍机。

③ 布控管理：支持添加、编辑、撤销布控任务。可添加一条含布控名称、布控对象、布控范围（可地图选点）、分时段阈值、布控原因的布控任务，并可通过输入关键字对人脸布控进行检索。

④ 任务管理：支持对上传记录进行显示、查询及删除操作。可显示上传图片的记录，并可根据姓名、证件号和建模状态查询建模的黑名单、上传记录的总数、查询的成功数和失败数。

（2）人脸图像应用功能

可通过多种查询方法，对人员信息、人脸抓拍图片进行数据处理和分析，从而筛选出满足条件的人员信息。

① 实时抓拍：基于前端高清摄像机或人脸抓拍相机，在实时视频中检测人脸，跟踪人脸运动轨迹，截取最清晰的一帧进行储存。把抓拍人脸图片、经过时间、相机地点信息等记录在路人库中，抓拍并储存的人脸信息可作为检索数据库使用。支持按树形目标选择抓拍通道，可同时查看一路或多路实时人脸抓拍图片。支持背景图及小图的下载。

② 实时预警（人脸卡口）：支持抓拍图片与黑名单库的实时比对。支持预警接收设置，在预警设置里可选择预警接收的布控任务和布控范围。

③ 历史预警：支持按布控任务、布控范围、布控对象、相似度、时间、报警确认形式进行单一条件或组合条件的查询。支持设置查询结果按时间或相似度排序。

④ 人脸查询：支持对动态抓拍库、静态名单库的人脸查询。查询照片支持原图查看、详细信息查看、前后视频预览。人脸图像及相关结构化信息可以 excel 格式导出。

⑤ 以脸搜脸（$1:N$ 比对）：用户可以先选择某张人像图片，然后在动态抓拍库或者静态名单库中，寻找与其相似度高的人像图片。系统根据相似度高低排序。待比对的图片可以本地上传，也可以是抓拍图片或者是静态图片。当上传图片过于模糊时，支持用户手动来加强识别功能，如通过网站界面手动标注特征点或框选范围，帮助系统识别到准确的人脸位置，提高比对准确率，改善模糊照片的比对效果。

⑥ 人脸查重（$N:N$ 比对）：系统支持针对单个人员库或两个人员库之间的重复人员查询，并返回查重结果。在查重任务进行过程中，可查看任务状态、相关信息等，并支持对已完成的查重任务进行查看、删除等操作。

⑦ 人脸 App：支持人脸检索功能，通过拍照上传或者本地图片上传的方式，进行人脸比对，比对成功后，按相似度返回相应的人脸检索结果。

⑧ 人员轨迹分析：可利用已有的人脸图片或者系统检索出的人脸图片，搜索出一定时间段及监控范围内的相似人脸图片，选择目标人员人脸图片，分析目标人员从哪里来、到哪里去、沿途经过哪里等。

7.6　智能网联汽车

随着 5G、人工智能和物联网等全新技术与汽车的加速融合，智能网联汽车得以蓬勃发展，现代汽车也逐渐发展成为移动互联的智能终端，车联网作为智能新能源汽车的发展支撑成为全球汽车创新热点。

智能网联汽车利用现代人工智能技术、新一代无线通信技术和信息技术，实现人、车、路等所有交通参与者之间信息协同感知、协同决策、协同调度和系统控制，进而实现自动驾驶、高效行驶、共享出行等。

我国对智能网联汽车的定义是：智能网联汽车是指车联网与智能车的有机联合，是搭载先进的车载传感器、控制器、执行器等装置，并融合现代通信与网络技术，实现车与人、路、后台等智能信息交换共享，实现安全、舒适、节能、高效行驶，并最终可替代人操作的新一代汽车。

也就是说，智能汽车是在一般汽车上增加雷达、摄像头等先进传感器、控制器、执行器等装置，通过车载环境感知系统和信息终端实现车、路、人等的信息交换，使车辆具备智能环境感知能力，能够自动分析车辆行驶的安全及危险状态，并使车辆按照人的意愿到达目的地，最终替代人做驾驶决策并进行操作。

智能汽车的初级阶段是具有先进驾驶辅助系统的汽车，智能汽车与网络相连便成为智能网联汽车。智能网联汽车本身具备自主的环境感知能力，也是智能交通系统的核心组成部分，是车联网体系的一个节点，通过车载信息终端实现车、路、行人、业务平台等之间的无线通信和信息交换。智能网联汽车的聚焦点在车上，发展重点是提高汽车安全性，其终极目标是无人驾驶。

7.6.1　智能网联汽车关键技术

智能网联汽车技术架构涉及的关键技术主要有以下几种：

（1）环境感知技术

为确保自动驾驶的安全性，必须采用多种传感器，并将其集成在车顶盒中。通过对数据进行同步和融合处理，感知系统能实时感知车辆周围所有的障碍物及其未来一段时间内的运动轨迹，为系统决策提供精准、可靠的判断依据。

车辆的环境感知，包括车辆本身状态感知、道路感知、行人感知、交通信号感知、交通标志感知、交通状况感知、周围车辆感知等。其中车辆本身状态感知包括行驶速度、行驶方向、行驶状态、车辆位置等；道路感知包括道路类型检测、道路标线识别、道路状况判断、是否偏离行驶轨迹等。另外还需进行暴雨天气感知、夜晚感知，以及诸如街道繁忙路段障碍物的精准识别，路边障碍锥桶等的识别。

行人感知主要判断车辆行驶前方是否有行人，包括白天行人识别、夜晚行人识别、被障碍物遮挡的行人识别等；交通信号感知主要包括自动识别交叉路口的信号灯等；交通标志感知主要包括识别道路两侧的各种交通标志，如限速、弯道等，及时提醒驾驶员注意；交通状况感知主要包括检测道路交通拥堵情况、判断前方是否发生交通事故等，提醒车辆选择通畅的路线行驶；周围车辆感知主要检测车辆前方、后方、侧方的车辆情况，避免发生碰撞，也包括感知交叉路口被障碍物遮挡的车辆。

在复杂的路况环境下，单一传感器无法完成全部环境的感知，必须整合各种类型的传感器，利用传感器融合技术，为智能网联汽车提供更加真实可靠的路况环境信息。

人工智能技术在智能网联汽车上得到广泛应用。尤其在环境感知领域，深度学习已凸显出巨大优势。但深度学习除了需要大量的数据作为学习的样本库，对数据采集和存储提出了较高要求外，还存在内在机理不清晰、边界条件不确定等缺点，需要与其他传统方法融合使用才能确保可靠性，且目前受到车载芯片处理能力的限制。

（2）无线通信技术

长距离无线通信技术用于提供即时的互联网接入，4G/5G 技术，特别是 5G 技术，有望成为车载长距离无线通信专用技术。短距离无线通信技术有专用短程通信技术（DSRC）、蓝牙、Wi-Fi 等，其中 DSRC 更为主要且亟须发展，它可以实现在特定区域内对高速移动目标的识别和双向通信，如 V2V（车辆与车辆的互动）、V2I（车辆与道路基础设施的互动）双向通信，实时传输图像、语音和数据信息等。

车载通信的模式如图 7-16 所示，依据通信的覆盖范围，车载通信可分为车内通信、车际通信和广域通信。

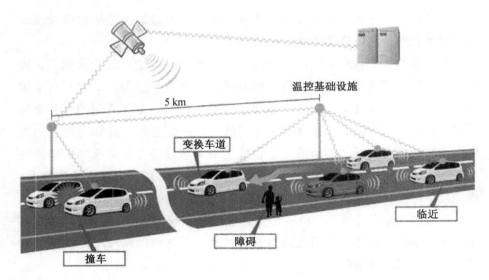

图 7-16　车载通信

　　车内通信，从蓝牙技术发展到 Wi-Fi 技术和以太网通信技术；车际通信，包括专用的短程通信技术和正在建立标准的车际通信技术；广域通信指目前广泛应用在移动互联网领域的 4G/5G 等通信方式。通过网联无线通信技术，车载通信系统将更快速地获得驾驶员信息、汽车的姿态信息和汽车周边的环境数据，并进行整合与分析。通信与平台技术的应用，扩大了车辆对于交通与环境的感知范围，为基于云控平台的汽车节能技术的研发提供了支撑条件。车辆通过与云平台的通信将其位置信息及运动信息发送至云端，云端控制器结合道路信息及交通信息对车辆速度和挡位等进行优化，以提高车辆燃油经济性。

　　当两个车辆距离较远或被障碍物遮挡导致直接通信无法完成时，两车之间可以通过路侧单元进行信息传递，构成一个无中心、完全自组织的车载自组织网络。车载自组织网络依靠短距离无线通信技术实现 V2V 和 V2I 双向通信，它使在一定通信范围内的车辆可以相互交换各自的车速、位置和车载传感器感知的数据等信息，并自动连接建立起一个移动网络，典型的应用包括行驶安全预警、交叉路口协助驾驶、交通信息发布以及基于通信的纵向车辆控制等。

　　目前汽车上广泛应用的网络有 CAN、LIN 和 MOST 等总线，它们的特点是传输速率小、带宽窄。随着越来越多的高清视频应用进入汽车，如

ADAS、360°全景泊车系统和蓝光 DVD 播放系统等，它们的传输速率和带宽已无法满足需要。以太网最有可能进入智能网联汽车环境下工作，它采用星形连接架构，每一个设备或每一条链路都可以专享 100 Mbps 带宽，且传输速率达到万兆级。同时以太网还可以顺应未来汽车行业的发展趋势，即开放性、兼容性原则，可以很容易地将现有的应用加入新的系统中。

（3）自主决策技术

决策机制应在保证安全的前提下适应尽可能多的工况，做出有利于提高舒适性、节能性的高效的决策。常用的决策方法有状态机、决策树、深度学习、增强学习等。状态机是用有向图表示决策机制，具有高可读性，能清楚表达状态间的逻辑关系，但需要人工设计，不易保证状态复杂时的性能。决策树是一种广泛使用的分类器，具有可读的结构，同时可以通过样本数据的训练来建立树，但是有过拟合的倾向，需要广泛的数据训练。决策树的效果与状态机类似，可在部分工况的自动驾驶上应用。深度学习与增强学习在处理自动驾驶决策方面，能通过大量的学习实现对复杂工况的决策，并能进行在线学习优化。

（4）先进辅助驾驶技术

先进辅助驾驶技术通过车辆环境感知技术和自组织网络技术对道路、车辆、行人、交通标志、交通信号等进行检测和识别，对识别信号进行分析处理，并将其传输给执行机构，保障车辆安全行驶。先进辅助驾驶技术是智能网联汽车重点发展的技术，其成熟程度和使用频率代表了智能网联汽车的技术水平，是其他关键技术具体应用的体现。

控制系统的任务是控制车辆的速度与行驶方向，使其跟踪规划的速度曲线与路径。在控制领域中，多智能体系统是由多个具有独立自主能力的智能体，通过一定的信息拓扑结构相互作用而形成的一种动态系统。用多智能体系统方法研究车辆队列，可以显著降低油耗，提高交通效率及行车安全性。

（5）信息融合技术

信息融合技术主要用于对多源信息进行采集、传输、分析和综合，将不同数据源在时间和空间上的冗余或互补信息依据某种准则进行组合，产生出完整、准确、及时、有效的综合信息。智能网联汽车采集和传输的信息种类多、数量大，必须采用信息融合技术才能保障实时性和准确性。

（6）信息安全与隐私保护技术

智能网联汽车接入网络的同时，也带来了信息安全问题，在应用中每辆车及其车主的信息将随时随地地被传输到网络中，这种显露在网络中的信息很容易被窃取、干扰甚至修改等，从而直接影响智能网联汽车体系的安全。因此在智能网联汽车中，必须重视信息安全与隐私保护技术研究，结合智能网联汽车发展实际，确定网联数据管理对象并实行分级管理，建立数据存储安全、传输安全、应用安全三维度的数据安全体系；建立包括云安全、管安全、端安全在内的数据安全技术框架，制定智能网联数据安全技术标准。围绕智能网联汽车信息安全技术，出现了很多创新研究方向。比如在信息安全测试评估方面，通过干扰车辆的通信设备以及雷达和摄像头等车载传感设备，进行智能汽车的信息安全研究。

（7）人机界面技术（HMI）

人机界面技术，尤其是语音控制、手势识别和触摸屏技术，在全球未来汽车市场上将被大量采用。全球领先的汽车制造商，如奥迪、宝马、奔驰、福特及菲亚特等制造商都在研究人机界面技术。不同国家汽车人机界面技术的发展重点也不尽相同。美国和日本侧重于远程控制，主要通过呼叫中心实现；德国则把精力放在车辆的中央控制系统方面，例如奥迪的MMI、宝马的 iDrive、奔驰的 COMAND 等。

智能网联汽车人机界面的设计，其最终目的在于提供更好的用户体验，增强用户的驾驶乐趣和驾驶过程中的操作体验，更加注重驾驶的安全性，这使得人机界面的设计必须在用户体验和安全之间做好平衡。智能网联汽车人机界面应集成车辆控制、功能设定、信息娱乐、导航系统、车载电话等多项功能，方便驾驶员快捷地从中查询、设置、切换车辆系统的各种信息，从而使车辆达到理想的运行和操纵状态。未来车载信息显示系统和智能手机将无缝连接，人机界面提供的输入方式将会有多种选择，通过使用不同的技术允许用户能够根据不同的操作、不同的功能进行自由切换。另外，此技术还涉及高精度地图与定位技术、异构网络融合关键技术、交通大数据处理与分析技术、交通云计算与云存储关键技术等。

7.6.2　国际上的智能网联汽车

（1）美国版：无人驾驶汽车

20 世纪 70 年代开始，美国、英国、德国等发达国家开始进行无人驾驶汽车的研究，并在可行性和实用化方面取得了突破性的进展。

2005 年，斯坦福大学人工智能实验室主任 Sebastian Thrun 领导由斯坦福学生和教师组成的团队设计出了斯坦利机器人汽车，该车在由美国国防部高级研究计划局（DARPA）举办的第二届挑战大赛中夺冠。之后，该车在沙漠中独立行驶 132 英里（212.43 公里），因此赢得了由五角大楼颁发的 200 万美元奖金。

在 2014 年的 Code Conference 科技大会上，谷歌推出了自己的无人驾驶汽车。谷歌的无人驾驶汽车还处于原型阶段，即便如此，它依旧展示出了与众不同的创新特性。和传统汽车不同，谷歌无人驾驶汽车行驶时不需要人来操控，这意味着方向盘、油门、刹车等传统汽车必不可少的配件在谷歌无人驾驶汽车上用软件和传感器取而代之。

（2）英国版：无人驾驶汽车 ULTra

21 世纪初，一些人在英国伦敦希斯罗机场目睹了许多辆无人驾驶汽车 ULTra 自动驶离、抵达车站的奇妙场景。一辆辆无人驾驶汽车鱼贯而出，几乎没有噪声，一切都显得井然有序。

这种汽车由英国的先进交通系统公司和布里斯托尔大学联合研制，并投放希斯罗机场作为出租车运送旅客。这种汽车可能会让阻塞交通、充斥汽油味、拥挤不堪的公共汽车变成一种过时的交通工具。这种超前的汽车里面没有驾驶员，车内只有两个装在车壁上的按钮。按钮旁边写着"Start（开始）"。该无人驾驶汽车有 4 个座位，形状似气泡，看起来就像一艘外星人飞船。这种汽车依靠电池产生动力，乘客可以通过触摸屏来选择他们的目的地，该车的行驶速度可达每小时 40 千米，而且会自动沿着道路行驶。一旦乘客选择好了目的地，控制系统会记录下要求，并向舱车该无人驾驶汽车发送一条信息。随后该汽车会沿着计算好的电子传感路径前进。在旅程期间，乘客如果有需要，乘客可以按下车内另一个按钮和控制人员通话。

研究人员设想，到达希斯罗机场的乘客下飞机后，拿好行李并来到无人驾驶汽车的泊位，乘客使用智能卡和汽车上的触摸屏选择好目的地。只需等待 10 秒钟，无人驾驶汽车就会带乘客启程。汽车行驶过程中会自动适时选择刹车或变换速度，应对交通高峰和出现障碍物等情况。乘客到家后，只需把汽车停下自行离开。控制中心调度会将其调到其他需要用车的地方。控制中心保证每一辆无人驾驶汽车沿着一条路线行驶，确保它们之间不会发生碰撞。

（3）法国版：无人驾驶汽车 Cycab

法国 INRIA 公司花费十年心血研制的无人驾驶汽车 Cycab，外形像高尔夫球车。该车使用全球定位技术，通过触摸屏设定路线，使用高精度 GPS 系统，定位精度高达 1 厘米。这款无人驾驶汽车装有充当"眼睛"的激光传感器，能够避开前进道路上的障碍物，还装有双镜头的摄像头，让它可以按照路标行驶，人们甚至可以通过手机控制驾驶汽车。每一辆无人驾驶汽车 Cycab 都能通过互联网进行通信，这意味着这种无人驾驶汽车之间能够实现信息共享，这样多辆无人驾驶汽车能够组成车队，以很短的间隔顺序行驶。该车也能通过交通网络获取实时交通信息，还会自动发出警告，提醒过往行人注意。

（4）德国版：像普通轿车

德国汉堡的 Ibeo 公司生产的无人驾驶汽车使用了先进的激光传感技术。这种无人驾驶智能汽车由普通轿车改装而成，其车身安装了 6 台名为 LUX 的激光传感器，可以在错综复杂的城市公路系统中实现无人驾驶。车内安装的无人驾驶设备包括激光摄像机、全球定位仪和智能计算机。

在行驶过程中，车内安装的全球定位仪将随时获取汽车所在的准确方位。隐藏在前灯和尾灯附近的激光摄像机随时探测汽车周围 180 米内的道路状况，并通过全球定位仪路面导航系统构建三维道路模型。此外，它还能识别各种交通标志，保证汽车在遵守交通规则的前提下安全行驶。安装在汽车后备箱内的智能计算机将汇总、分析数据，并向汽车传达相应的行驶命令。

在激光扫描器的帮助下，无人驾驶汽车实现自行驾驶。如果前方突然出现汽车，它会自动刹车。如果路面畅通无阻，它会选择加速。如果有行人进入车道，它能紧急刹车。此外，它也会自行绕过停靠的其他车辆。

（5）国内的无人驾驶汽车研究

无人驾驶汽车属于我国政府重点支持的 7 大行业之一，研究人员已经在该领域取得了长足的进步。2018 年，由上海市经信委、市公安局和市交通委联合制定的《上海市智能网联汽车道路测试管理办法（试行）》正式发布，全国首批智能网联汽车开放道路测试号牌发放。上汽集团和蔚来汽车拿到上海市第一批智能网联汽车开放道路测试号牌，两家公司研发的智能网联汽车从位于嘉定的国家智能网联汽车（上海）试点示范区科普体验区发车，在博园路展开首次道路测试。同年 12 月，天津市交通运输委、市工业和信息化局及市公安局联合启动天津市智能网联汽车道路测试，天津市西青区和东丽区开放了首批智能网联汽车测试道路。同时，天津卡达克数据有限公司和北京百度网讯科技有限公司获得了天津市首批路测牌照。2018年，无人驾驶清洁车队亮相上海市松江区，并在上海启迪漕河泾（中山）科技园试运营。该车队由一辆 6 米长的中型清洁车及一辆 3 米长的小型清洁车组成，可自动启停、自动清扫、自动通过红绿灯、自动避开路边障碍等。元戎启行在深圳公开道路测试示范区进行了超过 1000 km 的自动驾驶路试，全程无交通违法和事故。元戎启行的自动驾驶车辆还通过了行人和非机动车的识别及响应、交通信号灯识别及响应、交叉路口通行、环形路口通行等 12 项功能检测，并获得相关证明。

本章小结

新一代数字技术之间虽各有侧重，但也相互关联。物联网的主要功能是负责各类数据的自动采集，以智能手机为核心的移动互联网的发展让每个人都成为数据产生器。海量的结构化和非结构化数据，形成了大数据。原始数据量的增大，以及数据结构复杂性的增强需要云端服务器协同进行记忆和存储。同时，云计算的并行计算能力也促进了大数据的高效智能化处理。而基于大数据的人工智能的目标是获得价值规律、认知经验和知识智慧。人工智能模型的训练也需要大规模云计算资源的支持，构建的智能模型也能反作用于物联网，更智能地控制各种物联网前端设备。移动互联网就好像是社会活动的"神经"，为人们的生活提供无处不在的网络；物联网是社会的"血管"，使得整个世界实现互联互通；云计算是整个社会的"心脏"，所有数据、所有服务都由它提供，且为各领域的智能化应用提供统一的数据平台；而大数据则好比社会的"大脑"，是建设发展的智慧引擎。从万物互联到万物智能，从连接到赋能，加速了"智能+"时代的到来。

7-1　举例说明智能数字技术的实际应用。

7-2　举例说明人工智能、物联网、云计算等技术融合应用于制造业的实例。

7-3　利用本书所学智能数字技术，在所学的专业领域内选择熟悉的专题，设计能应用于这个专题的智能物联网系统。

参考文献

［1］郭忠文. 物联网系统设计开发方法与应用 ［M］. 北京：科学出版社，2017.

［2］李劲. 云计算数据中心规划与设计 ［M］. 北京：人民邮电出版社，2018.

［3］王万良. 人工智能导论 ［M］. 5 版. 北京：高等教育出版社，2020.

［4］李腊元，王景中. 计算机网络 ［M］. 武汉：武汉理工大学出版社，2003.

［5］王金浦，王亮. 物联网概论 ［M］. 北京：北京大学出版社，2012.

［6］吕云翔，钟巧灵，张璐，等. 云计算与大数据技术 ［M］. 北京：清华大学出版社，2018.

［7］王志良，石志国. 物联网工程导论 ［M］. 西安：西安电子科技大学出版社，2011.

［8］王珊，萨师煊. 数据库系统概论 ［M］. 5 版. 北京：高等教育出版社，2014.

［9］朱福喜. 人工智能基础教程 ［M］. 2 版. 北京：清华大学出版社，2011.

［10］赵卫东，董亮. 机器学习 ［M］. 北京：人民邮电出版社，2018.

［11］全国信息技术标准化技术委员会. 基于传感器的产品监测软件集成接口规范：GB/T 33137—2016 ［S］. 北京：中国标准出版社，2016.

［12］安筱鹏. 重构：数字化转型的逻辑 ［M］. 北京：电子工业出版社，2019.